IPA-IAO

Forschung und Praxis

Band 273

Berichte aus dem
Fraunhofer-Institut für Produktionstechnik
und Automatisierung (IPA), Stuttgart,
Fraunhofer-Institut für Arbeitswirtschaft
und Organisation (IAO), Stuttgart,
Institut für Industrielle Fertigung und
Fabrikbetrieb der Universität Stuttgart und
Institut für Arbeitswissenschaft und
Technologiemanagement, Universität Stuttgart

Herausgeber: H. J. Warnecke, E. Westkämper
und H.-J. Bullinger

Springer-Verlag Berlin Heidelberg GmbH

Rainer Heger

Entwicklung eines Systems zur interaktiven Gestaltung und Auswertung von manuellen Montagetätigkeiten in der virtuellen Realität

Mit 64 Abbildungen

Springer

Dr.-Ing. Rainer Heger
Fraunhofer-Institut für Arbeitswirtschaft und Organisation (IAO), Stuttgart

Prof. Dr.-Ing. Dr. h. c. mult. H. J. Warnecke
o. Professor an der Universität Stuttgart
Präsident der Fraunhofer-Gesellschaft, München

Prof. Dr.-Ing. Dr. h. c. E. Westkämper
o. Professor an der Universität Stuttgart
Fraunhofer-Institut für Produktionstechnik und Automatisierung (IPA), Stuttgart

Prof. Dr.-Ing. habil. Prof. e. h. Dr. h. c. H.-J. Bullinger
o. Professor an der Universität Stuttgart
Fraunhofer-Institut für Arbeitswirtschaft und Organisation (IAO), Stuttgart

D 93

ISBN 978-3-540-65039-3 ISBN 978-3-662-07051-2 (eBook)
DOI 10.1007/978-3-662-07051-2

Gesamtherstellung: Copydruck GmbH, Heimsheim
SPIN 10694649 62/3020–5 4 3 2 1 0

Geleitwort der Herausgeber

Über den Erfolg und das Bestehen von Unternehmen in einer marktwirtschaftlichen Ordnung entscheidet letztendlich der Absatzmarkt. Das bedeutet, möglichst frühzeitig absatzmarktorientierte Anforderungen sowie deren Veränderungen zu erkennen und darauf zu reagieren.

Neue Technologien und Werkstoffe ermöglichen neue Produkte und eröffnen neue Märkte. Die neuen Produktions- und Informationstechnologien verwandeln signifikant und nachhaltig unsere industrielle Arbeitswelt. Politische und gesellschaftliche Veränderungen signalisieren und begleiten dabei einen Wertewandel, der auch in unseren Industriebetrieben deutlichen Niederschlag findet.

Die Aufgaben des Produktionsmanagements sind vielfältiger und anspruchsvoller geworden. Die Integration des europäischen Marktes, die Globalisierung vieler Industrien, die zunehmende Innovationsgeschwindigkeit, die Entwicklung zur Freizeitgesellschaft und die übergreifenden ökologischen und sozialen Probleme, zu deren Lösung die Wirtschaft ihren Beitrag leisten muß, erfordern von den Führungskräften erweiterte Perspektiven und Antworten, die über den Fokus traditionellen Produktionsmanagements deutlich hinausgehen.

Neue Formen der Arbeitsorganisation im indirekten und direkten Bereich sind heute schon feste Bestandteile innovativer Unternehmen. Die Entkopplung der Arbeitszeit von der Betriebszeit, integrierte Planungsansätze sowie der Aufbau dezentraler Strukturen sind nur einige der Konzepte, welche die aktuellen Entwicklungsrichtungen kennzeichnen. Erfreulich ist der Trend, immer mehr den Menschen in den Mittelpunkt der Arbeitsgestaltung zu stellen - die traditionell eher technokratisch akzentuierten Ansätze weichen einer stärkeren Human- und Organisationsorientierung. Qualifizierungsprogramme, Training und andere Formen der Mitarbeiterentwicklung gewinnen als Differenzierungsmerkmal und als Zukunftsinvestition in *Human Resources* an strategischer Bedeutung.

Von wissenschaftlicher Seite muß dieses Bemühen durch die Entwicklung von Methoden und Vorgehensweisen zur systematischen Analyse und Verbesserung des Systems Produktionsbetrieb einschließlich der erforderlichen Dienstleistungsfunktionen unterstützt werden. Die Ingenieure sind hier gefordert, in enger Zusammenarbeit mit anderen Disziplinen, z. B. der Informatik, der Wirtschaftswissenschaften und der Arbeitswissenschaft, Lösungen zu erarbeiten, die den veränderten Randbedingungen Rechnung tragen.

Die von den Herausgebern langjährig geleiteten Institute, das

- Institut für Industrielle Fertigung und Fabrikbetrieb der Universität Stuttgart (IFF),
- Institut für Arbeitswissenschaft und Technologiemanagement (IAT),
- Fraunhofer-Institut für Produktionstechnik und Automatisierung (IPA),
- Fraunhofer-Institut für Arbeitswirtschaft und Organisation (IAO)

arbeiten in grundlegender und angewandter Forschung intensiv an den oben aufgezeigten Entwicklungen mit. Die Ausstattung der Labors und die Qualifikation der Mitarbeiter haben bereits in der Vergangenheit zu Forschungsergebnissen geführt, die für die Praxis von großem Wert waren. Zur Umsetzung gewonnener Erkenntnisse wird die Schriftenreihe „IPA-IAO - Forschung und Praxis" herausgegeben. Der vorliegende Band setzt diese Reihe fort. Eine Übersicht über bisher erschienene Titel wird am Schluß dieses Buches gegeben.

Dem Verfasser sei für die geleistete Arbeit gedankt, dem Springer-Verlag für die Aufnahme dieser Schriftenreihe in seine Angebotspalette und der Druckerei für saubere und zügige Ausführung. Möge das Buch von der Fachwelt gut aufgenommen werden.

H. J. Warnecke E. Westkämper H.-J. Bullinger

Vorwort des Autors

Die vorliegende Arbeit entstand während meiner Tätigkeit als wissenschaftlicher Mitarbeiter am Institut für Arbeitswissenschaft und Technologiemanagement (IAT) der Universität Stuttgart und am Fraunhofer-Institut für Arbeitswirtschaft und Organisation (IAO), Stuttgart.

Herrn Prof. Dr.-Ing. habil. Prof. E. h. Dr. h. c. H.-J. Bullinger, Leiter des Instituts für Arbeitswissenschaft und Technologiemanagement (IAT) der Universität Stuttgart und des Fraunhofer-Instituts für Arbeitswirtschaft und Organisation (IAO), gilt mein besonderer Dank für seine wohlwollende Unterstützung und Förderung dieser Arbeit.

Herrn Prof. Dr.-Ing. Dr. h. c. E. Westkämper, Leiter des Instituts für Industrielle Fertigung und Fabrikbetrieb (IFF) der Universität Stuttgart und Leiter des Fraunhofer-Instituts für Produktionstechnik und Automatisierung (IPA), danke ich sehr für die Übernahme des Mitberichts, die Durchsicht der Arbeit und die sich daraus ergebenden Anregungen.

Aus dem großen Kreis der Kollegen am Institut, die mich durch Ihre Mitarbeit, kritischen Anregungen und stete Diskussionsbereitschaft unterstützt haben, möchte ich die Herren Dipl.-Ing. A. Rößler, Dipl.-Ing. G. Betsos, Dipl.-Ing. N. Trieu, Dipl.-Ing. (FH) M. Bender und Dipl.-Ing. H. Linke besonders erwähnen. Herrn Dr.-Ing. habil J. Warschat und Dr.-Ing. D. Fischer gilt mein Dank für ihre genaue Durchsicht der Arbeit und ihre konstruktive Kritik. Besonderer Dank gilt auch meinem Vater F. Heger sowie Dipl.-Ing. K. Erhardt, Dipl.-Ing. W. Menrad und Frau R. Röbig, die bei der stilistischen und grammatikalischen Korrektur des vorliegenden Textes behilflich waren.

Schließlich möchte ich mich ganz herzlich bei meiner Frau Mhorag für ihre Unterstützung und Motivation auch in schwierigen Phasen der Arbeit bedanken. Ihre Ermutigung und ihr Verständnis hat entscheidend zum Gelingen dieser Arbeit beigetragen. Ihr widme ich dieses Buch.

Stuttgart, im Juni 1998 Rainer Heger

Inhaltsverzeichnis

0 Fachbegriffe und Abkürzungen

0.1 Fachbegriffe

Ablauforganisation	Die Ablauforganisation regelt das räumliche und zeitliche Zusammenwirken von Menschen und Betriebs- bzw. Arbeitsmitteln zur Erfüllung von Arbeitsaufgaben.
Anthropometrie	Die Anthropometrie beschäftigt sich mit der Ermittlung von Körpermaßen des Menschen. Mit der anthropometrischen Gestaltung wird das Ziel verfolgt, die Arbeitsmittel räumlich und förmlich an die geometrischen und funktionellen Maße des arbeitenden Menschen anzupassen.
Artificial Reality	siehe *virtuelle Realität.*
Bewegungselemente	Bewegungselemente beschreiben die vom Menschen ausgeführten *Vorgangselemente.*
Concurrent Engineering	Der Begriff Concurrent Engineering beschreibt das Konzept, die am Produktentstehungsprozeß beteiligten Aufgaben weitgehend zeitlich parallel zu bearbeiten.
Cyberspace	Cyberspace wird als Ausprägung der *virtuellen Realität* für mehrere kommunizierende Teilnehmer verstanden.
Digital Mockup	siehe *virtueller Prototyp.*
Geometriemodell	Geometriemodelle sind die Basis für die rechnerinterne Darstellung und Bearbeitung von gestaltbezogenen Produktinformationen; sie bilden jedoch nur einen Teil der Funktionsumfänge von *Produktmodellen* ab.
Head mounted display	Tragbares Stereosichtgerät, am Kopf des Benutzers befestigt. Abhängig von der Blickrichtung des Benutzers wird je ein Bild für das linke und das rechte Auge projiziert. Der Benutzer erhält somit den Eindruck selbst Teil der virtuellen Umgebung zu sein (Abk. HMD).

Immersionsgrad	Der Immersionsgrad beschreibt das Gefühl der Eingebundenheit des Benutzers in die virtuelle Welt und fungiert als Kriterium der Güte der *virtuellen Realität*.
Menschmodell	Der Begriff Menschmodell beschreibt im Rahmen dieser Arbeit *anthropometrische* Modelle, die in dreidimensionaler Form die Gelenkelemente des menschlichen Körpers als Strich- oder Volumenmodelle nachbilden und so die Struktur, Funktion und bestimmende Merkmale des Körpers abbilden.
Montageablauf	Das räumliche und zeitliche Zusammenwirken von Mensch und Betriebs- bzw. Arbeitsmittel wird in der Montage durch den Montageablauf beschrieben.
Montageaufgabe	Summe aller *Tätigkeiten* oder *Teilverrichtungen*, die zum vollständigen Montieren eines Erzeugnisses ausgeführt werden müssen.
Montageinhalt	Die Summe aller Vorgabezeiten der *Montageaufgabe* eines Produktes oder einer Variante ergeben den gesamten Montageinhalt des Produktes oder der Variante.
Produktentwicklung	Die Produktentwicklung umfaßt die Funktionsbereiche Produktplanung/Produktmarketing, Entwicklung/ Konstruktion und Arbeitsplanung eines Industrieunternehmens /11/.
Produktmodell	Produktmodelle beschreiben die Abbildung funktionaler und technischer Informationen eines Produktes über alle Phasen des Produktlebenszyklus, vereinigen verschiedene Produkteigenschaften und berücksichtigen die Sichtweise des Anwendungsgebietes /49/.
Rapid Prototyping	Rapid Prototyping faßt Verfahren zusammen, mit denen möglichst schnell physikalische Produktmuster hergestellt werden können. Mit den Methoden des Rapid Prototyping wird auf eine schnelle und nutzerorientierte Realisierung eines Prototypen aus seinen Entwurfsdaten abgezielt.

Rendering	Der Begriff Rendering bezeichnet verschiedene Verfahren zur Umsetzung von parametrisierten Datenmodellen in diskrete Bilder oder Töne /6/.
Systeme vorbestimmter Zeiten	Systeme vorbestimmter Zeiten versuchen bestimmte Gesetzmäßigkeiten des zeitlichen Ablaufs von Tätigkeiten zu ermitteln, indem der menschliche Bewegungsablauf bis in kleinste Schritte, sogenannte Grundelemente, zerlegt wird.
Tätigkeit	Sie stellt eine sinnvoll nicht weiter unterteilbare Teil-Montageaufgabe einer *Montageaufgabe* dar. Eine Tätigkeit besteht im allgemeinen aus mehreren Montagearbeiten und kann daher nicht als *Vorgangs*- bzw. *Bewegungselement* im Sinne von *Systeme vorbestimmter Zeiten* wie Hinlangen, Greifen, Fügen usw. bezeichnet werden.
Teilverrichtung	siehe *Tätigkeit.*
Tracker	Ein Tracker ist eine elektromagnetische Positionsvorrichtung, mit der die Position von Gegenständen oder Benutzern in einer *virtuellen Welt* aufgenommen und in Koordinaten für das *VR-System* transformiert wird.
Virtual Environments	siehe *virtuelle Realität.*
Virtual Prototyping	Virtual Prototyping beschreibt die umfassende Digitalisierung von Produkten und Entwicklungsprozessen mit dem Ziel physikalische Prototypen durch virtuelle Prototypen zu ersetzen, um so Zeit und Kosten in der *Produktentwicklung* zu sparen.
Virtuelle Montageplanung	Der Begriff virtuelle Montageplanung faßt die interaktive Gestaltung und Auswertung von manuellen Montagetätigkeiten in der *virtuellen Realität* zusammen.
Virtuelle Welt	Virtuelle Welt oder virtuelle Umgebung beschreibt die vom *VR-System* erzeugte dreidimensionale Computersimulation.

Virtueller Prototyp	Der Begriff virtueller Prototyp beschreibt eine umfassende rechnerinterne Produktdarstellung. Mit Hilfe von virtuellen Prototypen ist eine durchgehende Rechnerunterstützung in allen Produktlebenszyklen möglich.
Virtuelle Realität	Virtuelle Realität ist eine 360-Grad-Computersimulation, mit der durch multiple Ansprache der menschlichen Sensorik versucht wird, dem Benutzer ein möglichst realistisches Abbild der virtuellen Simulationsmodelle zu vermitteln /22/. Mit Hilfe der virtuellen Realität erhält der Benutzer den Eindruck, selbst Teil einer digitalen Welt zu sein (Abk. VR).
Vorgangselement	Vorgangselemente stellen die niederste Gliederungsstufe der Unterteilung von Arbeits- bzw. *Montageabläufen* dar und lassen sich weder in ihrer Beschreibung noch bei der zeitlichen Erfassung weiter unterteilen.
Vorgangsstufen	Eine Vorgangsstufe bezeichnet eine in sich abgeschlossene Folge von *Vorgangselementen.*
Vorranggraph	Der Vorranggraph ist ein endlicher, von links nach rechts gerichteter, zyklenfreier Graph. Der Vorranggraph wird als Planungshilfsmittel für Montageaufgaben eingesetzt und bietet sich als Hilfsmittel für zeitlich logische Darstellungen von Montageablaufstrukturen an.
VR-System	VR-Systeme sind Computersysteme, die durch Hochleistungsgrafik und Echtzeitdarstellung mittels spezieller Projektions- und Interaktionsmöglichkeiten dem Benutzer den Eindruck der *virtuellen Realität* vermitteln.

0.2 Abkürzungen

Allgemeine Abkürzungen

BG	Baugruppe
BT	Bauteil
C	prozedurale Programmiersprache
C++	objektorientierte Version der Programmiersprache C
CAD	Computer Aided Design
CAP	Computer Aided Planning
DFA	Design for Assembly, Montagegerechte Konstruktion
GUI	Graphical User Interface
HM	Hilfsmittel
HMD	Head Mounted Display
IAO	(Fraunhofer-) Institut für Arbeitswirtschaft und Organisation
MEK	MTM in der Einzel- und Kleinserienfertigung
MM	Montagemittel
MTM	Methodes-Time-Measurement
MTM-UAS	MTM-Universelles Analysiersystem
PC	Personal Computer
SvZ	System vorbestimmter Zeiten
TMU	Time Measurement Unit
VE	Verbindungselement
VR	Virtuelle Realität (Virtual Reality)
2D	zweidimensional
3D	dreidimensional

Abkürzungen in den Interaktionsalgorithmen

α	Skalierungsfaktor
$\mathbf{F}_n$	Normalenvektor einer Fläche
O	Ursprung des Bezugskoordinatensystems
O′	Ursprung des lokalen Koordinatensystems

$\mathbf{M}_T$	Transformationsmatrix
$\mathbf{T}_{Obj}$	Objekt Transformationsmatrix
$\mathbf{T}_{Rel}$	Relative Transformationsmatrix
$\mathbf{T}_{Sek}$	Sekundäre Transformationsmatrix
$\mathbf{T}_{Man}$	Transformationsmatrix des Manipulators
$\mathbf{M}_{Toleranz}$	Einbautoleranzmatrix
$\mathbf{N}_S$	Normalenvektor
$\mathbf{P}_n$	Normalenvektor der passiven Fläche
$P_{1,2}$	Hilfspunkte

Abkürzungen der Grundbewegungen

D	Trennen (engl. Disengage)
G	Greifen (engl. Grasp)
M	Bringen (engl. Move)
P	Fügen (engl. Position)
R	Hinlangen (engl. Reach)
RL	Loslassen (engl. Release)
T	Drehen (engl. Turn)

Abkürzungen im Aggregationsmodell

$\Rightarrow$	Muß unmittelbar vorausgehen
#k_pos	Kopfposition des Benutzers
#h_pos	Handposition des Benutzers
B*	Betätigungsvorgang
BK	Baukomponente
BV	Bewegungsvorgang
BZ	Bewegungszyklus
G_{BK}	Greifen Baukomponente
M_{BK}	Bringen Baukomponente
M*	Bewegung, zusammengesetzt aus Einzelbewegungen
M^U	Bewegung beim Umsetzen eines Montagemittels
muv	Muß unmittelbar vorausgehen

P_{BK}	Fügen Baukomponente
R_{BK}	Hinlangen Baukomponente
RL_{BK}	Loslassen Baukomponente
TV	Teilverrichtung

Indizes

i	Index des Vorgangs
lfNr	laufende Nummer
m	Index für manuelles Werkzeug
p	Index für Maschinenwerkzeug
x	Indexvariable

1 Einleitung

Der Erfolg eines Unternehmens hängt im wesentlichen von der Fähigkeit ab, innovative Produkte, die in Qualität und Preis dem Kundenbedarf entsprechen, schnell auf den Markt zu bringen /11/. Produktlebenszeiten und Produktentwicklungszeiten haben sich in den letzten Jahren stark verkürzt. Die durchschnittliche Produktentwicklungszeit wird sich, laut einer 1996 durchgeführten Studie, an der Unternehmen der Branchen Elektrotechnik und Maschinenbau sowie Kfz-Zulieferer teilnahmen, um ca. 30 % in den nächsten 5 Jahren vermindern. Bei einem Betrachtungszeitraum von 1990 bis 2000 entspricht dies, laut der Studie, einer Reduzierung von ca. 50 % /25/.

Ein Schlüsselfaktor für die Optimierung von Zeit, Kosten und Qualität ist die enge Zusammenarbeit von Produktentwicklung/-konstruktion, Montageplanung und Produktion bereits während der Produktentwicklungsphase. Hierbei ist es erforderlich, die Produktentwicklung im Sinne des Concurrent und Simultaneous Engineering soweit als möglich parallel durchzuführen /26/, /115/ um frühzeitig alle erfolgskritischen Belange zu überprüfen.

Um die Produktentwicklung zu beschleunigen und die Arbeitsvorbereitung schneller und wirtschaftlicher durchführen zu können, sind neue, innovative Planungswerkzeuge erforderlich. Die Aufgabe der Forschung liegt vor allem in der Bereitstellung des Wissens und der Werkzeuge, mit denen die Prozeßkette von der Idee bis zum produktionsreifen Produkt wirksam unterstützt werden kann /116/.

In der vorliegenden Arbeit wird ein Planungssystem zur interaktiven Gestaltung und Auswertung von manuellen Montagetätigkeiten in der virtuellen Realität beschrieben, das traditionelle Montageplanungsverfahren mit der Technik der virtuellen Realität verbindet. Das hier vorgestellte System ermöglicht die interaktive Montage von virtuellen Produkten sowie die Auswertung der Interaktionen auf Basis der Methode vorbestimmter Zeiten. Dabei konzentriert sich die Planungsarbeit nicht nur auf das zu montierende Erzeugnis, sondern bezieht auch die übrigen Planungsgrößen wie Montageraum, Handhabung der Bauteile sowie benötigte Montagehilfsmittel mit ein. Mit dem entwickelten Planungssystem soll ein Beitrag geleistet werden, die Entwicklungszeiten von komplexen, innovativen Produkten, von denen keine realen Prototypen vorliegen, zu verkürzen, indem virtuelle Prototypen und Bauteile für die Montageplanung genutzt werden.

1.1 Abgrenzung der Problemstellung

Der Produktentstehungsprozeß eines Industrieunternehmens umfaßt die Aufgabenkette von der Idee für ein Produkt bis zur Schaffung aller Voraussetzungen für die Produktion und Montage des Produktes /11/. Der Prozeß der Produktentwicklung erfordert eine individuelle und den Entwicklungsphasen angepaßte Bereitstellung von Informationen /51/. Die Grundlage zur Gewinnung hochwertiger und aussagekräftiger Informationen in der Produktentwicklung bilden physikalische und virtuelle Prototypen, wobei der virtuelle Prototyp im Produktentstehungsprozeß der Zukunft eine Schlüsselposition einnimmt /104/. Durch den Einsatz virtueller Prototypen kann eine Reduzierung der Anzahl notwendiger physikalischer Prototypen erreicht werden. Begriffe wie Virtual Prototyping und Digital Mockup stehen für die Zielsetzung der umfassenden Digitalisierung von Produkten und Entwicklungsprozessen /11/. Die Darstellung und Interaktion mit virtuellen Prototypen erfolgt in virtuellen Umgebungen, wie sie von der virtuellen Realität zur Verfügung gestellt werden /43/.

Bindeglied einer durchgängigen Integration der Produktentwicklung und der Produktion ist die Arbeitsvorbereitung. Dabei nehmen die Montageplanung und die Arbeitsplanerstellung für Teilefertigung und Montage eine Schlüsselstellung im betrieblichen Aufgabenspektrum ein, bei denen eine weitreichende, kostenwirksame Festlegung für den Produktionsprozeß getroffen wird /109/.

Bei einer Befragung von Montageplanern unterschiedlicher Branchen konnte der Bedarf an rechnergestützten Systemen zur Montageablaufplanung in den zwei Planungsphasen:

- Analyse der Montageaufgabe und
- Grobplanung

festgestellt werden /120/. Die Anforderungen an ein Verfahren zur Analyse der Montageaufgabe wurden ebenfalls ermittelt und sind in Bild 1 dargestellt.

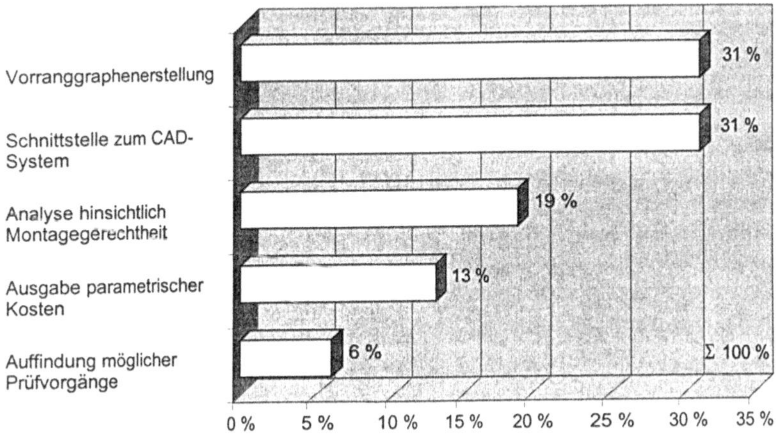

Bild 1: Anforderungen an ein Verfahren zur Analyse der Montageaufgabe (nach /120/)

1.2 Ziel und Aufbau der Arbeit

Durch die Produktgestalt und -struktur wird bei der Konstruktion implizit über die Teilfunktionen der Montage entschieden. Zur Ermittlung der Produktstruktur muß der Konstrukteur die Möglichkeiten beim Zusammenbau des Produktes analysieren und die Reihenfolge der Bauteile beim Zusammenbau bestimmen. Er benötigt eine Methode oder ein Hilfsmittel, mit der er den Zusammenbau und die Reihenfolge analysieren und das Ergebnis dieser Analyse abbilden kann /107/.

Der zunehmende Trend, physikalische Prototypen durch virtuelle Prototypen zu ersetzen, ermöglicht es, die virtuellen Prototypen nicht nur zur Gestaltvisualisierung, sondern auch zur funktionalen Simulation eines Produktes zu verwenden. Dies gilt insbesondere für die Montageplanung von komplexen, innovativen Produkten, bei denen für die Planung keine physischen Prototypen eingesetzt werden können.

Speziell im Bereich der prospektiven Überprüfung von manuellen Montagetätigkeiten mit virtuellen Prototypen besteht jedoch ein wesentliches Entwicklungsdefizit:

Zur Überprüfung manueller Montagetätigkeiten mit virtuellen Prototypen fehlt bislang ein methodisch durchgängiges Verfahren, das es ermöglicht, mit virtuellen Prototypen zu interagieren, manuelle Montagetätigkeiten durchzuführen und diese Interaktionen in Form von Planzeiten und Montageabläufen für weitere Planungsschritte zur Verfügung zu stellen.

Im Rahmen der vorliegenden Arbeit wird ein Planungsinstrument konzipiert und entwickelt, mit dem die virtuellen Prototypen eines Produktes bzw. einer Baugruppe interaktiv montiert und demontiert werden können. Hierbei sollen die reale Produktionsumgebung sowie die benötigten Montagehilfsmittel in einer virtuellen Umgebung mit abgebildet werden. Als Planungsergebnis soll so ein Montageablaufplan entstehen, der die realen Produktionsgegebenheiten berücksichtigt.

Ziel ist es, ein Planungssystem zu entwickeln, das diese Anforderungen in ein Werkzeug für den Planer umsetzt. Dieses System integriert die Verfahren der Methodenentwicklung auf dem Gebiet der Montageplanung mit der Technologie der virtuellen Realität und umfaßt folgende Punkte:

- Schnittstelle zu CAD-Systemen
- Abbildung der realen Produktionsumgebung
- Interaktive Durchführung des Montageablaufs durch den Benutzer in einer virtuellen Umgebung und Erfassung der dabei erzeugten Bewegungselemente
- Aggregation der in der virtuellen Umgebung erfaßten Bewegungselemente zu Vorgangsstufen und Teilverrichtungen
- Ermittlung von Montagezeiten basierend auf den Systemen vorbestimmter Zeiten durch Auswertung der vom Benutzer im VR-System durchgeführten Interaktionen
- Darstellung des Montageablaufs als Montagevorranggraph.

Der Aufbau der Arbeit ist in Bild 2 dargestellt.

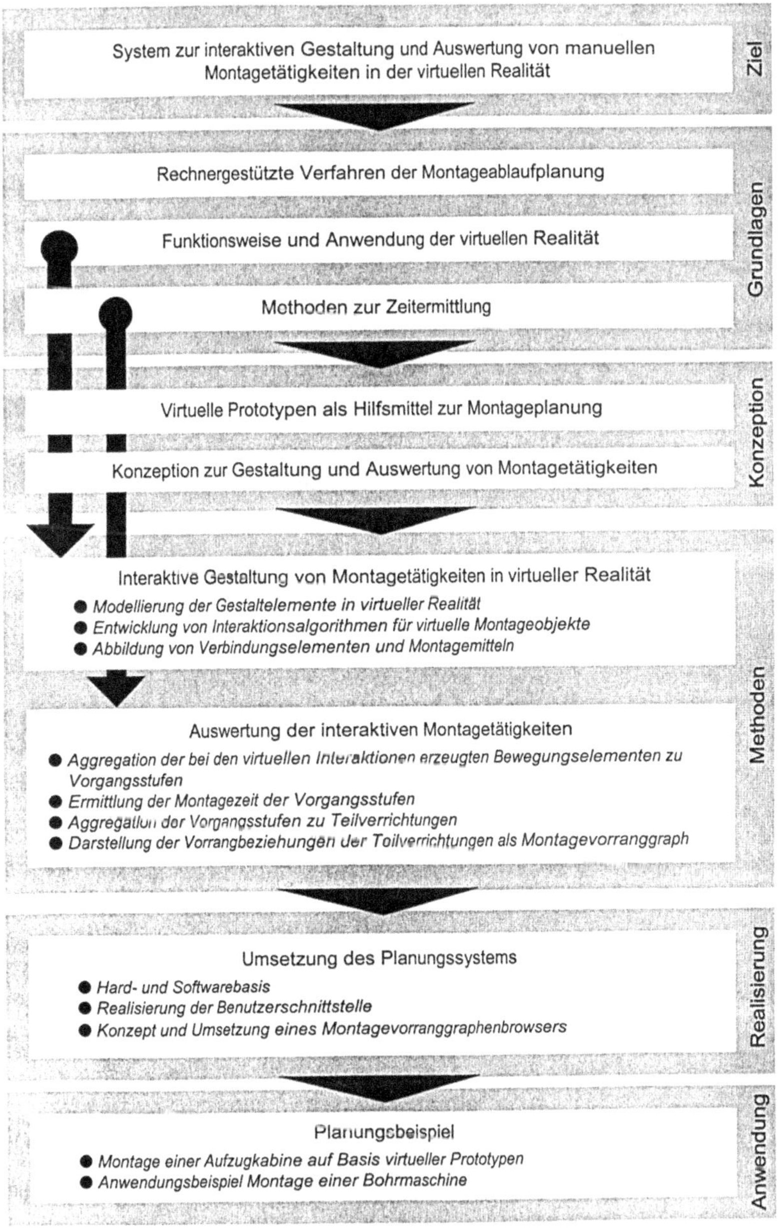

Bild 2: Aufbau der Arbeit

Die Grundlagen und Ansätze zur Problemlösung sollen in Kapitel 2 vorgestellt werden. Neben einer Betrachtung der bestehenden Lösungen rechnergestützter Verfahren zur Montageplanung werden Anwendungen der virtuellen Realität in der industriellen Produktion diskutiert. Methoden zur Ermittlung von Zeiten für Ablaufabschnitte und die Systeme vorbestimmter Zeiten werden beschrieben.

Im Kapitel 3 wird aufgezeigt, wie virtuelle Prototypen im Entwicklungsprozeß als Hilfsmittel für die Montageplanung eingesetzt werden können. Ausgehend von den Lösungsansätzen wird ein Konzept für die interaktive Durchführung von Montageverbindungen mit virtuellen Bauteilen und der anschließenden Auswertung dieser Interaktionen entwickelt.

Hilfsmittel und Interaktionsmöglichkeiten werden in Kapitel 4 konzipiert, um dem Benutzer die Möglichkeit zu geben, Bauteilverbindungen in der virtuellen Realität durchführen zu können. Basierend auf die Modellierung der Objektgestalt und Position, können so virtuelle Montagevorgänge realisiert werden. Verbindungselemente und Montagemittel werden in die Modellierung mit einbezogen.

Auf Basis der in Kapitel 2 vorgestellten Systeme vorbestimmter Zeiten wird in Kapitel 5 ein Aggregationsverfahren beschrieben, das erlaubt, interaktive Montagetätigkeiten in Form von Planzeiten auszuwerten. Hierzu wird eine Methodik vorgestellt, montagetechnologisch bedingte Bewegungsabläufe zu abgeschlossenen Teilverrichtungen zusammenzufassen und diesen so ermittelten Teilverrichtungen Planzeiten zuzuordnen. Unter Berücksichtigung der Vorrangbeziehung zwischen den Teilverrichtungen erfolgt daraufhin die Darstellung der Planungsergebnisse in Form eines Montagevorranggraphen.

Die exemplarische Umsetzung der in Kapitel 4 und 5 beschriebenen Methoden wird in Kapitel 6 veranschaulicht. Neben der Hard- und Softwarebasis wird die Realisierung der Benutzerschnittstelle für die Interaktionen mit den virtuellen Produkten vorgestellt.

Im Kapitel 7 wird die Anwendung des Systems bei der Planung eines Montageablaufs für komplexe Produkte am Beispiel einer Aufzugkabine demonstriert. Ein abschließendes Beispiel verdeutlicht die Anwendung anhand der Montage einer Bohrmaschine.

2 Ausgangssituation und Stand der Technik

2.1 Begriffsbestimmungen

Im folgenden werden wichtige Begriffe, die für das Verständnis der vorliegenden Arbeit notwendig sind, erläutert.

2.1.1 Montage, Montageplanung und Montageablaufplanung

Aufgabe der *Montage* ist es, aus den Einzelteilen und Baugruppen ein Produkt höherer Komplexität mit vorgegebenen Funktionen in einer bestimmten Zeit zusammenzubauen /114/. Die Montage umfaßt die Gesamtheit aller Vorgänge, die, unter Verwendung der im Konstruktionsbereich entworfenen Bauteile, den Zusammenbau technischer Produkte erlauben und stellt jenen Teil der Produktion dar, in dem die in der Teilefertigung hergestellten Einzelteile zu einer funktionsfähigen Einheit zusammengefügt werden.

Die *Montageplanung* umfaßt mehrere Planungsphasen mit einer Vielzahl von Aktivitäten. Die Montageplanung gliedert sich nach /1/ in vier Hauptschritte:

- Festlegung der Montageaufgabe
- Grobplanung
- Feinplanung
- Realisierung.

Die Montageablaufstrukturierung charakteristischer Typen und Varianten des Erzeugnisses erfolgt im Rahmen der Grobplanung. Die Planung der Montageablaufstruktur sowie die Festlegung alternativer Ablaufstrukturen für Varianten des Erzeugnisses wird als *Montageablaufplanung* bezeichnet /1/, /21/.

Im Rahmen der Ablaufplanung werden Montage-Teilaufgaben festgelegt und unter Berücksichtigung der Randbedingungen „Technik“, „Personal“ und „Material“ den Arbeitsplätzen zugeordnet /21/.

Die Montageablaufplanung befaßt sich nach /21/ mit der

- Strukturierung des Erzeugnisses
- Strukturierung des Montageablaufes
- Kapazitätsteilung
- Ermittlung von Arbeitsinhalten.

Für die Darstellung der Montageablaufstruktur gibt es formal unterschiedliche Darstellungsarten (Bild 3), wobei die am verbreitetste eine logisch - zeitliche Struktur wie z. B. Arbeitsplan und Vorranggraph aufweisen.

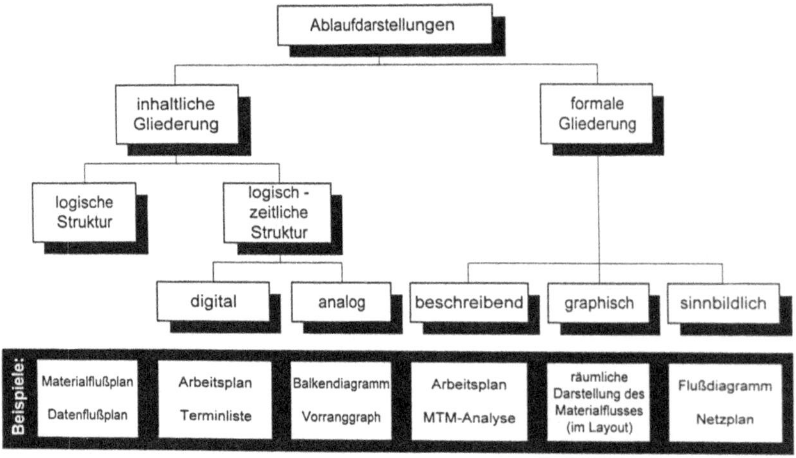

Bild 3: Darstellungsmöglichkeiten von Montageablaufstrukturen /21/

Die zentrale Grundlage der im Montagebereich anfallenden Planungsarbeiten ist der konstruktive Aufbau des zu montierenden Produktes /118/. In der Phase der Erzeugniskonstruktion wird der konstruktive Produktaufbau festgelegt. Er bestimmt im wesentlichen die bei der Montage einsetzbaren Fügeverfahren und begrenzt indirekt die produktseitig möglichen Montagereihenfolgen. Somit wird durch die Entscheidung der Konstruktion ein großer Teil der Montage- und Herstellkosten eines Produktes bestimmt /75/.

2.1.2 Gliederung des Montageablaufs

Das räumliche und zeitliche Zusammenwirken von Mensch und Betriebs- bzw. Arbeitsmittel wird durch den Montageablauf beschrieben. Ein Montageablauf kann in Montageabschnitte untergliedert werden. Montageabschnitte, die eine in sich abgeschlossene Folge von Vorgangselementen umfassen, werden als Vorgangsstufen bezeichnet. Vorgangselemente stellen die niederste Gliederungsstufe dar und lassen sich weder in ihrer Beschreibung noch bei der zeitlichen Erfassung weiter unterteilen. Als Montagevorgang bezeichnet man nach REFA /92/ den Abschnitt eines Arbeitsablaufes, der in der Ausführung einer Mengeneinheit eines Arbeitsauftrages besteht (Bild 4).

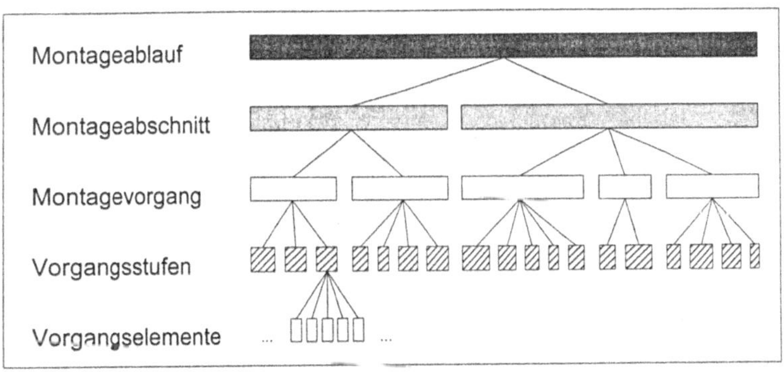

Bild 4: Gliederungsschema der Montagearbeit (nach /91/ und /94/)

Vorgangselemente werden in Bewegungselemente und Prozeßelemente unterschieden /91/. Für die Montageplanung sind vor allem die Bewegungselemente von Bedeutung, da sie die von Menschen ausgeführten Vorgangselemente beschreiben. Beispiele von Bewegungselementen bei der manuellen Montage sind z. B. das Hinlangen, Greifen, Bringen, Fügen und Loslassen eines Teiles. Unter Prozeßelementen versteht man dagegen die von Maschinen ausgeführten Vorgangselemente wie z. B. das Fräsen einer Tasche mit einer Fräsmaschine.

Im Rahmen dieser Arbeit soll der Begriff Vorgang bzw. Montagevorgang als Folge eines oder mehrerer Vorgangselemente bezeichnet werden. Ziel der Modellierung des Montageprozesses ist es, die zu den Montagevorgängen notwendigen Bewegungselemente zu beschreiben und zu klassifizieren.

2.1.3 Montageprozeß

Die in Montagen ablaufende Prozesse können in Vorgänge des Fügens, wie sie in DIN 8593 /86/ spezifiziert sind, und Funktionen der Werkstückhandhabung gegliedert werden. Diese Teiloperationen werden durch unterschiedliche Bezeichnungen in der Literatur /2/, /42/, /77/, /88/, /106/, /119/ belegt. Nach /71/ besteht ein Montageprozeß aus den Hauptoperationen Zubringen, Fügen, Justieren, Kontrollieren sowie Hilfsfunktionen (Bild 5).

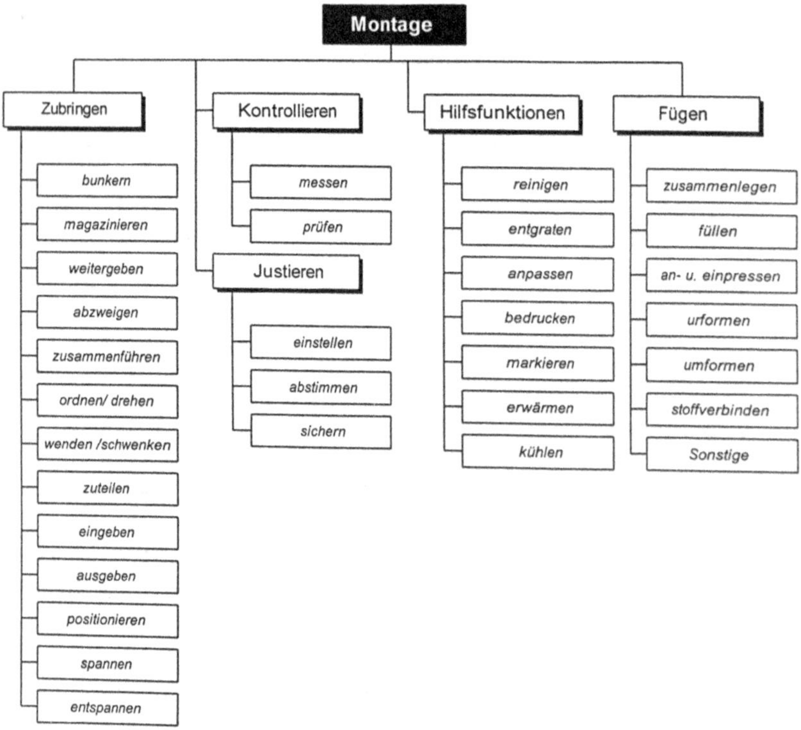

Bild 5: Tätigkeitsgruppen beim Montieren /71/

Die Klassifizierung der bei der Montage eingesetzten Fügeverfahren für die Herstellung von Bauteilverbindungen basiert auf DIN 8593 /86/. Hierbei werden Vorgänge des Fügens in Hauptgruppen eingeteilt und in einzelnen Verfahren spezifiziert. Die Einteilung der Fügeverfahren nach DIN 8593 zeigt

Bild 6. Der Begriff Fügen wird nach DIN 8593 nicht mit Montieren gleichgesetzt, da das Montieren zwar unter Anwendung von Fügeverfahren durchgeführt wird, aber zusätzlich auch alle Handhabungs- und Hilfsvorgänge sowie Messen und Prüfen mit einschließt. Außerdem gehören zum Fügen auch Fertigungsverfahren, die nicht im Zusammenhang mit Montieren angewendet werden, z. B. Verseilen, Einvulkanisieren und Ummanteln /16/.

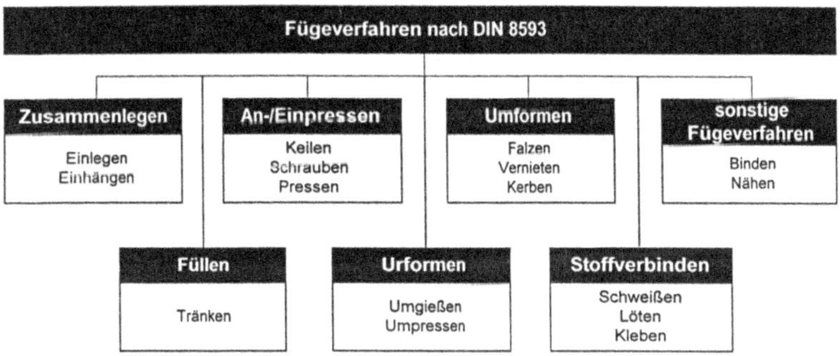

Bild 6: Einteilung der Fügeverfahren nach DIN 8593

In diesem Zusammenhang wird im folgenden ein Montagevorgang im hier diskutierten Planungssystem auf eine

- Fügeoperation durch Zusammenlegen, der optional eine
- Fügeoperation durch Füllen, An- und Einpressen, Urformen, Umformen, Stoffverbinden oder durch andere Haftverbindungen folgt,

eingeschränkt. Zubringen, Justieren und Kontrollfunktionen sollen hier nicht betrachtet werden.

Die Fügeoperation durch Zusammenlegen soll im folgenden als *Fügen* bezeichnet werden, die weiteren Fügeoperationen als *Montieren*. Ein Montagevorgang ist ein Montageprozeß, der mit einem oder mehreren Bauteilen instanziiert wird.

2.1.4 Bauteilverbindungen

Montagetätigkeiten werden im wesentlichen durch die Art der Bauteil- und Baugruppenverbindungen /41/ beeinflußt. In Anlehnung an DIN 8593 /86/

wird unter einer Bauteilverbindung der örtliche Zusammenhalt zweier oder mehrerer Werkstücke oder Bauteile verstanden /80/. Daher werden Bauteilverbindungen als Verbindungen von Baugruppen untereinander oder von Baugruppen mit Bauteilen definiert. Bauteilverbindungen können auf drei unterschiedliche Weisen hergestellt werden (Bild 7).

Im wesentlichen handelt es sich um Bauteilverbindungen, die:

- durch Verwendung von Verbindungselementen zur Herstellung von lösbaren Verbindungen wie z. B. Schrauben, Schellen, Klammern und unlösbaren Verbindungen, wie z. B. Schweißgut, Kleber und Niete
- durch Bauteil- oder Baugruppeneigenschaften wie Passungskombinationen, z. B. Preßsitze und relative Lage der Bauteile, sowie
- durch integrale Verbindungselemente, z. B. Sicke und Schnapphaken

bewirkt werden.

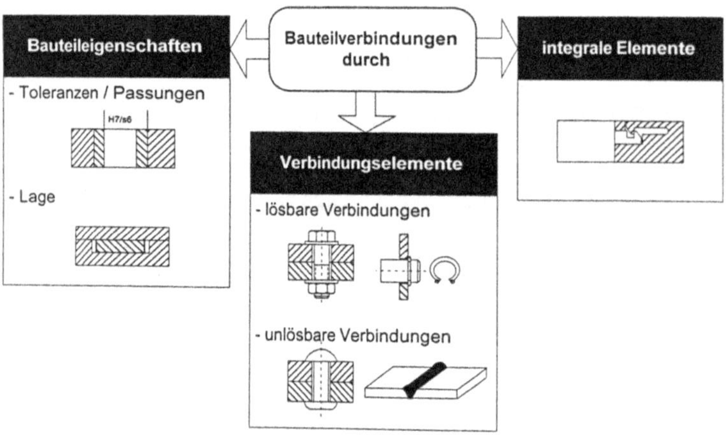

Bild 7: Einteilung von Bauteilverbindungen /41/

Bauteilverbindungen bestehen aus Bestandteilen, die nach den Gesichtspunkten der zu montierenden Bauteile, in Verbindungselemente und technologisch bedingten Eigenschaften gegliedert sind. Bild 8 zeigt die Gliederung von Bauteilverbindungen.

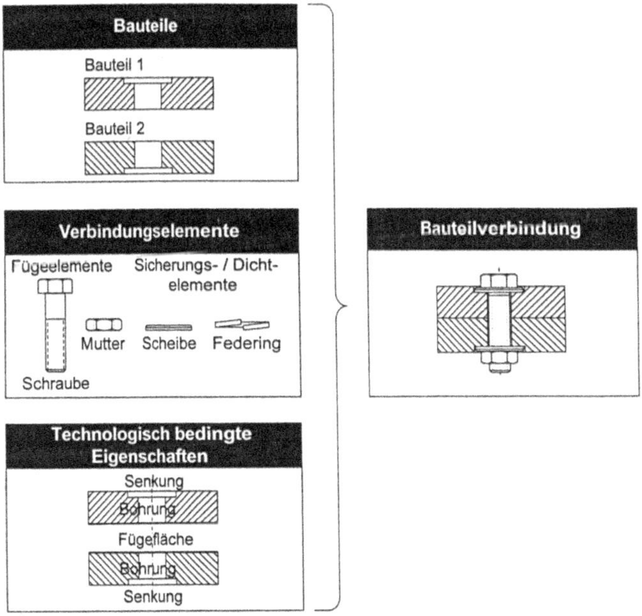

Bild 8: Gliederung von Bauteilverbindungen

Unter verbindungsspezifischen Attributen versteht man die technologisch bedingten Eigenschaften von Verbindungen wie z. B. Senkungen, Bohrungen und Fügeflächen (Bild 8). Dazu werden folgende Begriffe in Anlehnung an ESCH /41/ festgelegt:

- **Verbindungselemente** umfassen die Gruppen der Füge- bzw. Dicht- und Sicherungselemente. Fügeelemente dienen unmittelbar dazu, Bauteilverbindungen herzustellen. Sie sind weitgehend genormt und lassen sich den lösbaren und unlösbaren Verbindungen zuordnen. Arten und Formen der Fügeelemente stehen im Zusammenhang zu den Fügeverfahrensgruppen nach DIN 8593 /86/.

- **Technologisch bedingte Eigenschaften** beschreiben technologische Randbedingungen der Bauteilverbindungen, die sowohl den Fügevorgang bzw. das Fügeverfahren als auch alle anderen Montagefunktionen beeinflussen.

Die logische Aufeinanderfolge von Teilvorgängen wird durch das verwendete Montagemittel beeinflußt, da die Zugänglichkeit zur Montagestelle hierbei einen wesentlichen Einfluß hat. Sowohl die verwendeten Montagewerkzeuge als auch der benötigte Platzbedarf zur Durchführung einer Verbindung muß im System berücksichtigt werden.

2.2 Rechnerunterstützte Verfahren in der Montageablaufplanung

Beim Betrachten der bislang entwickelten Systeme und Verfahren zur Rechnerunterstützung im Gesamtkomplex der Montageablaufplanung stellt man fest, daß im wesentlichen zwei Hauptzielrichtungen verfolgt werden /44/:

- Unterstützung der montagegerechten Produktgestaltung
- Unterstützung in den einzelnen Verfahren der Grob- und Detailplanung.

Systeme der zweiten Kategorie werden seit längerer Zeit im industriellen Einsatz verwendet. Unterstützung bei der montagegerechten Produktgestaltung setzt sich erst langsam industriell durch. Im Rahmen aktueller Forschungsvorhaben und Entwicklungen im Bereich Simultaneous Engineering werden zunehmend Verfahren entworfen, die die Integration von Konstruktion und Montageplanung zum Ziel haben. Erste praktische Integrationsansätze werden in /28/ und /37/ vorgestellt. Die entwickelten, rechnergestützten Verfahren in der Montageplanung können in

- Modellierungs-
- Bewertungs-
- Analyse- und
- integrative Verfahren

unterschieden werden. Im folgenden werden die Verfahren dargestellt.

2.2.1 Montageorientierte Modellierungsverfahren

Der erste Schritt bei der Entwicklung eines Montageplanungssystems ist, das zu montierende Produkt zu analysieren und das Produkt in Form eines Produktmodells abzubilden. Um die komplexen Beziehungen zwischen Konstruktion und Montageplanung transparent zu machen, sind in jüngster Zeit verschiedene Methoden entwickelt worden, die auf Basis spezifischer Produktmodelle Erkenntnisse u.a. für die Montage ableiten /49/. In diesem Zusammenhang werden hier Arbeiten und Verfahren zur Produktmodellierung genannt.

Um eine informationstechnische Integration von Konstruktion und Montageplanung durchzuführen, reicht die Repräsentation eines Produktes in Form eines Geometriemodells nicht aus, da im Geometriemodell weder Informationen über die Produktstruktur noch über montagerelevante Eigenschaften der Teile und ihrer Beziehung untereinander abgelegt sind. Die Abbildung montagerelevanter Eigenschaften eines Produktes dient als Basis für rechnergestützte Verfahren der Montageablaufplanung.

Ein Ansatz, neben der Geometriemodellierung, auch funktionale und technologische Informationen bereitzustellen, ist die Verwendung von Produktmerkmalen (engl. Features) /62/. Ursprünglich wurde der Begriff in der Fertigungstechnik verwendet, um geometrische Objekte zu beschreiben, an die Fertigungsoperationen geknüpft sind /112/. Features werden zunehmend als Gestaltungsobjekte in der Konstruktionstechnik angesehen. Dabei reicht das Verständnis von rein geometrischen Objekten im CAD bis hin zu komplexen Objekten zur Abbildung funktionaler Zusammenhänge /107/. In der montageorientierten Modellierung werden die Features meist zur Charakterisierung der Beziehung zwischen den Einzelteilen bzw. Baugruppen eingesetzt.

Um die entsprechenden Daten zu generieren, ist es erforderlich, das Produkt auf einer höheren, anwendungsspezifischen Modellebene abzubilden. Bei einer Erweiterung der Funktionalitäten der CAD-Systeme sowie deren rechnerinternen Modelle können die notwendigen Informationen durch den Einsatz spezieller Modellierungsfunktionen explizit beschrieben werden. Montagerelevante Eigenschaften von Produkten können aus der geometrischen Repräsentation eines Produktes mit Hilfe semantischer Verfahren abgeleitet werden /113/.

Um Produkte geometrisch zu beschreiben, benutzen ELMARAGHY und LAPERRIÈRE /39/ eine featurebasierte Produktdatengrundlage, die in einem hierarchischen Baum durch drei verschiedenen Objekten strukturiert wird, nämlich von Produkt-, Komponenten- und Geometriemerkmalen. Geometriemerkmale können als geometrische Elemente eines Teils (Löcher, Zylinder, Blöcke, Taschen usw.) gesehen werden. Das Produkt ist ein zusammengesetztes Objekt, gebaut aus Teilen niedrigerer Ebenen, d. h. eine Verbindung von Komponenten.

Ein Verfahren zur Ableitung der Montagereihenfolge mit Hilfe von vier Standardverbindungen wird von KO und LEE /60/ vorgestellt. Diese Standardverbindungen beschreiben die Beziehungen zwischen den Einzelteilen des Produktes. Basierend auf der Datenstruktur und dem „virtual link"-Konzept von LEE und GOSSARD /69/ werden einem Basisteil alle Einzelteile zugeordnet, die eine Verbindung zu diesem haben. Innerhalb jeder Montagegruppe wird durch Kollisionsbetrachtungen die Montagereihenfolge der Einzelteile ermittelt. Zur automatischen Ableitung von Montagebaugruppen ist dieses Verfahren jedoch nicht ausreichend, da Einzelteile, die eine lose Verbindung zum Basisteil haben, diesem nicht zugeordnet werden. Zudem werden Einzelteile Baugruppen zugeordnet, die anschließend die Endmontage behindern können.

KANDZIORA /58/ beschreibt ein Verfahren, in dem die montagerelevanten Beziehungen zwischen den Bauelementen als Assoziationselemente bzw. Features abgelegt sind. Die Einzelteile des Produktes werden als Wirkelemente betrachtet. Die Verbindung zwischen den Wirkelementen wird über Anschlußelemente hergestellt. Die Montagesequenz kann über die technischen und geometrischen Assoziationselemente gefolgert werden. Allerdings fordert dieses Verfahren eine neue Generation von CAD-Systemen, welche technische Elementassoziationen mit abbilden. Bild 9 zeigt das Beispiel einer Wellen-Naben-Verbindung, die wie folgt definiert wird: Das Wirkelement Welle bildet über sein Anschlußelement Passung mit dem Wirkelement Nabe über dessen Anschlußelement Passung ein Verbindungselement.

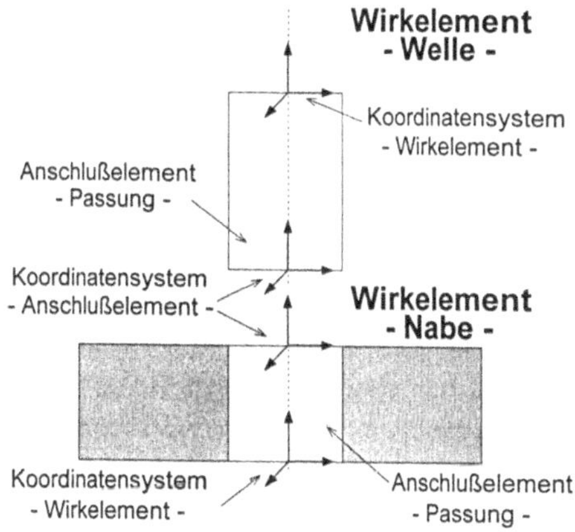

Bild 9: Modellkonzept von KANDZIORA /58/

DINI und SANTOCHI /38/ schlagen ein Produktmodell basierend auf einem mathematischen Ansatz vor. Sie benutzen dabei drei Matrizen: Die Interferenz-Matrix, die Kontakt-Matrix und die Verbindungs-Matrix jeweils in jeder Montagerichtung. Die Information hinsichtlich der Verbindungen, die nicht durch eine einfache Transformation trennbar sind, werden vom Benutzer während des Designstadiums am CAD-Terminal eingegeben. Die kompletten Informationen, die aus der Konstruktionsphase abgeleitet werden, sind in Matrizen strukturiert. Zur Ermittlung der Montagerichtung können die Matrizen mit nicht näher spezifizierten Auswertealgorithmen ausgewertet werden.

Ein weiterer Ansatz zur Beschreibung der montagerelevanten Eigenschaften der Teile und deren Beziehung untereinander findet sich in sogenannten Frames. Ein Frame ist ein objektorientierter Ansatz zur Darstellung strukturierter Objekte. RICHTER /97/ entwickelt das regelbasierte, objektorientierte CAD-System MOCAD, bei dem die Produktmodelldaten über eine problemorientierte Benutzerschnittstelle erzeugt und über eine objektorientierte Datenstruktur verwaltet werden. Montagerelevante Eigenschaften der Teile eines Produktes und die Beziehungen zwischen den Teilen werden durch Objekt-Frames beschrieben. Die Montagereihenfolgen werden mittels eines integrierten Expertensystems aus den Objekt-Frames abgeleitet (Bild 10).

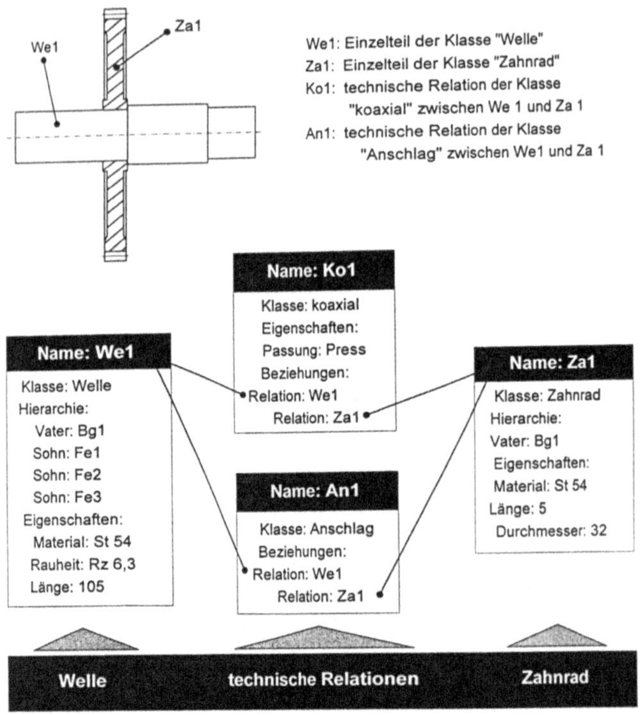

Bild 10: Objekt-Framekonzept von RICHTER - Beschreibung einer Welle-Zahnradverbindung durch Frames /29/

Eine objektorientierte Beschreibung der Teile eines Produktes in Form von Frames wird ebenfalls von KROLL, LENZ und WOLBERG /64/ vorgestellt. Sie bilden neben den geometrischen Eigenschaften eines Teiles auch die Topologie eines Produktes mittels vier Standardverbindungen ab.

2.2.2 Montageorientierte Bewertungsverfahren

Montageorientierte Bewertungsverfahren werten die montagerelevanten Eigenschaften eines Produktes im Hinblick auf dessen Montierbarkeit aus. Die Montagegerechtheit eines Produktes oder einer Baugruppe wird dabei als der erforderliche Aufwand zur Montage dieses Produktes beschrieben /107/. Häufig wird die Montagegerechtheit als Kennzahl bzw. zahlenmäßiger Vergleichswert dargestellt und kennzeichnet so die Erfüllung der Ziele der montagegerechten Produktgestaltung /5/.

Für die Ermittlung der Montagegerechtheit existieren rechnergestützte Verfahren mit der Design for Assembly Methode (DFA) von BOOTHROOYD und DEWHURST /14/, /15/, mit der von MIYAKAWA und ONASHI /74/ entwickelten Hitachi Assembly Evaluation Method (AEM) sowie der Methode von BÜRGER und SIMON /30/.

Die Bewertung der Montagegerechtheit wird von BOOTHROOYD und DEWHURST nach manueller und automatischer Montage unterschieden. Die Bewertung erfolgt anhand einer getrennten Bewertung der Handhabung und des Zusammenbaus. Grundlage für die Bewertung sind Bauteile, die in Form einer Zeichnung oder eines Prototyps vorliegen müssen. Mittels 11 komplexer, vorgegebener Tabellen ordnet der Anwender bestimmten Bauteileigenschaften Kennziffern zu. Diese Kennziffern fließen in nachfolgende Berechnungsschritte ein. Die im DFA-Verfahren hinterlegten Tabellen und Kennziffern resultieren aus Erfahrungswerten einer Umfrage in Unternehmen. Die für die Handhabung sowie für den Zusammenbau eines Teiles ermittelten Kennzahlen werden über vorgegebene Algorithmen bei der Ermittlung der Gesamtbewertungszahl DE (Design Efficiency), die eine quantitative Aussage über die Montagegerechtheit einer gesamten Baugruppe ergibt, berücksichtigt.

STOLL /107/ setzt eine modifizierte DFA-Methode in einem Bewertungsmodul eines CAD-Systems ein, um die Montagegüte einzelner Baugruppen zu ermitteln. Durch diese Bewertung wird für den Konstrukteur eine Entscheidungshilfe für die Auswahl der für die automatische Montage besser geeigneten Variante geschaffen.

Im Gegensatz zum DFA-Verfahren erfolgt beim AEM-Verfahren von MIYAKAWA und ONASHI /74/ eine Bewertung der Eignung des Produktes zur manuellen und automatischen Montage bereits in der Konzeptphase. Durch die Bewertung des Fügens und Verbindens der Einzelteile zu Baugruppen bzw. dem Gesamtprodukt entstehen zwei Kennzahlen, die einerseits den Montageaufwand beschreiben und andererseits die Montagekosten bezeichnen. Das Verfahren erfordert vom Anwender einige Erfahrung, da die Fügereihenfolge der Einzelteile vorab festgelegt werden muß.

BÄSSLER /5/ schlägt eine Methode vor, bei der zur Ermittlung der Kennzahl für Montagegerechtheit die sogenannten Funktionsanteile der einzelnen Baugruppen durch den jeweils zu ihrer Montage notwendigen Aufwand dividiert werden. Eine Bewertung erfolgt, wenn der erste Produktentwurf komplett existiert. Die Methode kann nur von einem Team verwendet werden, indem Mitarbeiter aus den Bereichen Konstruktion und Planung teilnehmen, da für die Bewertung sehr spezifisches Fachwissen gefordert wird.

Neuere Ansätze erweitern die oben beschriebenen Bewertungsverfahren, um dem Konstrukteur Verbesserungsvorschläge hinsichtlich einer montagegerechten Gestaltung des Produktes zu machen. MORITZEN /75/ stellt eine ausführliche Zusammenfassung solcher Verfahren vor. Die vorgestellten Ansätze sind jedoch meist nur als Prototyp verfügbar und nicht in CAD-Systeme integriert, so daß auch keine Unterstützung des Konstrukteurs bei der Modellierung eines Produktes erfolgt.

2.2.3 Montageorientierte Analyseverfahren

Mit Verfahren zur montageorientierten Analyse eines Produktes wird versucht, durch den Einsatz verschiedener Algorithmen, Heuristiken oder wissensbasierten Methoden montagerelevante Eigenschaften der Teile und ihrer Beziehungen aus dem Geometriemodell eines Produktes abzuleiten /113/.

Ein Schwerpunkt der Arbeiten stellen Verfahren zur automatischen Bestimmung der möglichen Montagereihenfolgen für ein Produkt dar. Zwei prinzipielle Ansätze zur Bestimmung der Vorrangbeziehungen sind möglich:

- Simulation der gegebenen Montageaufgabe:
  Dieses Verfahren birgt bei einer rechnertechnischen Anwendung das Problem, daß ein bereits montiertes Bauelement ein mögliches Hindernis für eine nachfolgende Montageoperation darstellt. Die Analyse muß dann auf einen Zustand zurückgehen, bei dem die Behinderung noch nicht auftritt. Dieses sogenannte „Backtracking“ stellt einen sehr aufwendigen Suchprozeß dar.

- Simulation der Zerlegung der fertigen Montageaufgabe:
  Ausgehend von der Überlegung, daß sich die Demontagesequenz als Umkehrung der Montagereihenfolge ergibt, werden vom rechnerinternen Modell sukzessive die jeweils demontierbaren Teile entfernt, bis das Produkt

vollständig in seine Einzelteile zerlegt ist. Auf diese Weise läßt sich das Problem des „Backtracking“ vermeiden.

Im folgenden sollen Verfahren betrachtet werden, die zur Strukturierung und zur Abbildung des Montageablaufes dienen. Aufgrund der genannten Vor- und Nachteile wird die Vorrangbeziehung anhand von Demontierbarkeitsuntersuchungen ermittelt und die Zusammenbaufolge durch Umkehrung der Demontagefolge festgelegt /75/, /103/. Dabei sind insbesondere folgende drei Kriterien zu erfüllen /45/ (Bild 11):

- Kollisionsfreiheit:
  Bauelemente dürfen sich während der Montage nicht gegenseitig durchdringen, innenliegende Bauelemente müssen also vor außenliegenden montiert werden.

- Stabilität:
  Beim Ausführen einer Montageaufgabe muß jeder Montagezustand stabil sein, d. h. jedes Bauelement muß die Lage, in die es gebracht wurde, beibehalten.

- Vermeidung von Seiteneffekten:
  Durch eine Montageoperation dürfen bereits erreichte Bearbeitungsfortschritte nicht wieder aufgehoben werden. So dürfen z. B. bereits montierte Bauelemente nicht durch nachfolgende Fügevorgänge aus ihrer Zielposition verschoben werden.

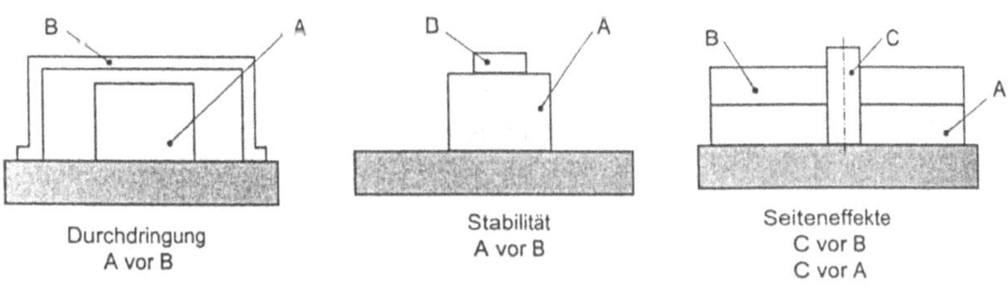

Bild 11: Analysekriterien für Montageaufgaben (nach /45/)

Ein Verfahren zur rechnerunterstützten Planung von Montageablaufstrukturen wird von AMMER vorgestellt /1/. Ausgehend von der Fertigungsstückliste wird zunächst der Strukturbaum des Produktes und daraus ein Grobvorranggraph erstellt, der die Reihenfolge des Zusammenbaus der Baugruppen wiedergibt. Für jede Baugruppe muß anschließend interaktiv eine Teilverrichtungsliste eingegeben werden, die eine Beschreibung der zur Komplettierung der Baugruppe benötigten Montageoperationen enthält.

HUCK /57/ beschreibt ein Verfahren, das die geometrische und wissensbasierte Planung für die Montage durch Roboter vereint. Die geometrische Planung bestimmt die Freiheitsgrade von Einzelteilen im Teileverband mit Hilfe von Demontagesimulation. Über eine ausbaufähige Wissensbasis wird planungsspezifisches Wissen in Form von Vorschriften und Regeln bereitgestellt. Dieses Wissen ist speziell für die Robotermontage ausgelegt und berücksichtigt das Vermeiden von Kollisionen, das Einhalten von Füge- und Trennrichtung sowie das Erzielen minimaler Verfahrwege.

Eine Methode, den Vorranggraphen automatisch auf Basis eines CAD-Produktmodells zu bestimmen, wurde von FROMMHERZ und HORNBERGER entwickelt /45/. Basierend auf den Analyseregeln für Montageaufgaben (Bild 11) wird über eine Demontagesimulation die Montagefolge der Bauelemente bestimmt. Tritt eine Kollision mit einem anderen Bauteil auf, wird aufgrund der Durchdringungsregel eine Vorrangrelation bestimmt. Mit Hilfe der Seiten- und Stabilitätsregeln werden weitere Vorrangrelationen ermittelt, wobei die Formulierung der Seiteneffektregeln für das konkrete Produkt durch den Benutzer erfolgen sollte, da sie Montagewissen implizieren. Um die Regeln anwenden zu können, sind als Fügebewegungen nur geradlinige Fügeoperationen erlaubt. Für die Durchführung von Montageoperationen darf jeweils nur ein Teil bewegt werden. Abhängig von der Anzahl der Bauteile und der untersuchten Montagerichtungen ergeben sich durch die Anwendung der Regeln eine Menge alternativer Vorranggraphen, von denen viele auch Zyklen erhalten und aussortiert werden müssen.

DELCHAMBRE /36/ beschreibt die wissensbasierte Erzeugung der Montagereihenfolge eines Produktes durch Demontage mit Hilfe von Kollisionsüberprüfungen. Die Beschreibung der Produktrepräsentation und die Beziehung zwischen den Bauteilen erfolgt mittels einer PROLOG-Syntax. Die zu analysierenden Fügebewegungen dürfen im vorgestellten System nur parallel zu den Hauptachsen erfolgen.

Die Bestimmung möglicher Montagereihenfolgen basiert bei FRIEDEMANN /44/ auf der automatischen Ermittlung von Bewegungsrichtungen der Teile eines Produktes mit Hilfe einer Heuristik zur Bestimmung von Fügeflächenpaaren. Die Demontagereihenfolge der Teile wird mittels einer Kollisionsüberprüfung durchgeführt. Die Abbildung der Montagereihenfolge erfolgt hier in Form eines Montagevorranggraphen.

Ein weiteres Verfahren, das auf der automatischen Ermittlung der Demontagereihenfolge beruht, wurde von MORITZEN /75/ entwickelt. Die Ableitung der Demontagereihenfolge erfolgt durch die Analyse von Einschränkungen für Fügebewegungen von Flächenpaaren. Voraussetzung für das Verfahren ist, daß das Produkt als Volumenmodell abgebildet ist.

NEUBERT /85/ beschreibt Methoden, die ausgehend vom CAD-Modell eines Montageobjektes, die Erkennung der Fügeflächenpaarungen realisieren. Daraus werden die Demontage- und Montagebeziehungen dem Bauelement und den Montageverrichtungen zugeordnet. Der Schwerpunkt der Arbeit liegt bei der Realisierung der Datenschnittstelle zwischen Montageobjekt- und Montageprozeßmodell, die in Form einer objektorientierten Datenstruktur abgebildet wird.

SCHÖNEBERG /103/ untersucht Möglichkeiten, die im Montageprozeß zu realisierenden Fügebeziehungen in einer rechnerinternen Darstellung der Montageeinheit zu ermitteln und durch Fügesymbole zu beschreiben, um sie dem CAP-System ILMOPLAN /56/, /103/ zugänglich zu machen. Als Beschreibungsgrundlage der Fügesymbole wird die Methode GMA (Gestaltung Manueller Arbeitsplätze) verwendet. GMA ist ein aus dem MTM-Verfahren /83/ abgeleitetes Verfahren zur Zeitbestimmung durch Zerlegung der Handlungen in einzelne Grundbewegungen, denen vorbestimmte Zeitwerte zugeordnet sind, sowie zur Entwicklung von Arbeitsmethoden durch sinnvolles Zusammensetzen der Grundbewegungen. Das Beschreibungsverfahren GMA nutzt eine definierte Symbolik für abgegrenzte Aktionen wie z. B. Hinlangen, Greifen, Transportieren, Fügen und Loslassen. Es berücksichtigt Einflußfaktoren für die Ausführung der Aktionen und ermöglicht eine Zeitbewertung, die auf der Aktionsbeschreibung beruht. Aktion, Einflußfaktoren und Zeitbewertung bilden jeweils ein Arbeitselementnormativ (vgl. Bild 12, Beschreibungsbeispiel der Aktion FÜGEN).

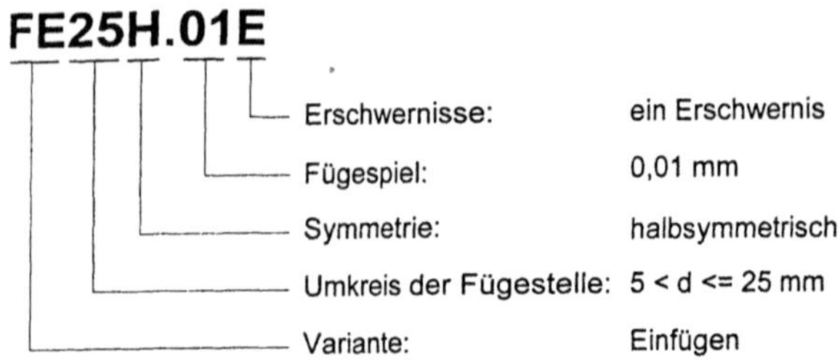

Bild 12: Aufbau und Bedeutung des GMA-Symbols FÜGEN /103/

Ein regelbasiertes Verfahren, mit dem Montageabläufe für Mehrprodukt- und Variantenfertigung geplant werden können, wird von THALER /109/ vorgestellt. Das von ihm entwickelte Verfahren erlaubt die Abbildung von arbeitsgangbezogenen Abhängigkeiten bei der Ablaufplanung, insbesondere die Festlegung von Montageverfahren, -funktionen und Montagemitteln. Ergebnis der Analyse ist ein produktspezifischer Montageablaufplan, der weitgehend automatisch erstellt wird.

2.2.4 Integrative Verfahren

In jüngster Zeit sind zunehmend Systeme entwickelt worden, die die weitgehende Integration aller relevanten Planungsfunktionen in ein Programmpaket verfolgen. Die bekannten Systeme können nach /65/ in zwei Gruppen eingeteilt werden:

- Gekoppelt an CAD-Systeme
- Eingebunden in Simulationssysteme.

Mit dem System EMMA stellen ZÜLCH und WALDHIER /121/ ein Expertensystem zur Planung manueller Montagearbeitsplätze vor, das ein CAD-System als externe Grafikkomponente verwendet und in den betrieblichen Informationsfluß integriert ist. Ziel des Verfahrens ist es, ausgehend von einer Beschreibung des Produktes in einem CAD-System und dem geplanten Produktionsprogramm, interaktiv bzw. teilweise automatisch einen Vorschlag für ein manuelles Montagesystem zu erzeugen. Kern des Verfahrens ist eine Analyse der Reihenfolge- und Fügebeziehungen der Einzelteile des Produktes. Zur Analyse der Fügevorgänge wird ein angepaßtes 3D-CAD-System benutzt, mit dem sich die Montage des Produktes grafisch interaktiv simulieren läßt, indem die Teile in der zu montierenden Reihenfolge sukzessive zusammengefügt werden /113/. Die Art der simulierbaren Fügevorgänge hängt von der Leistungsfähigkeit des CAD-Systems ab, wobei im Verfahren die Bewegung beim Fügen des Teiles durch die Angabe charakteristischer Punkte beschrieben wird, was darauf schließen läßt, daß nur geradlinige Fügebewegungen berücksichtigt werden.

Mit dem Ziel, die Produktentwicklung/-konstruktion und Montageplanung zu einer engen Zusammenarbeit zu bringen stellt RICHTER /96/ das Verbundprojekt IDAP vor. Der hier entwickelte EDV-Prototyp unterstützt die Bereiche Konstruktionsunterstützung, Montageablaufplanung, Montagesystemstrukturplanung und Montagestationsplanung durch ein integriertes Funktionsmodell mit entsprechend realisierten Funktionen.

Im Rahmen des europäischen Verbundprojektes SCOPES /35/, /37/ wurde ein EDV-gestütztes Simultaneous-Engineering-Werkzeug für die industrielle Montage entwickelt. Durch die Einbindung von Funktionen wie Produktentwicklung/-konstruktion, Planung, Simulation und Werkstattsteuerung wird die Kommunikation zwischen Produktkonstruktion und Montagesystemplanung verbessert und methodische und technische Unterstützung durch die Integration der Werkzeuge in ein CAD-System geboten.

STOLL /107/ stellt ein allgemeingültiges Konzept für eine verbesserte Unterstützung der Produktgestaltung in einem CAD-System vor. Um eine effiziente und umfangreiche Modellierung von Produkteigenschaften mittels eines CAD-Systems zu erreichen, schlägt er die Verwendung von Features als zentrales Informationsmittel bei der integrierten Produktgestaltung vor. Das Konzept wird im Rahmen des Systems MOKIS (Montageorientiertes Konstruktions- und Informationssystem) /107/ umgesetzt. Im Analysemodul des Systems MOKIS kann der Fügeprozeß einer Baugruppe konstruktionsbegleitend im CAD-System simuliert und die Montagegerechtheit des Produktes nach dem Verfahren von BOOTHROYTH /14/, /15/ automatisch bewertet werden. Die Produktstruktur wird über eine Demontagesimulation analysiert und in Form eines Produkt-Montagevorranggraphen abgebildet. Zur konstruktionsbegleitenden Analyse des Fügevorgangs kann die Fügbarkeit einer Baugruppe analysiert werden. Hierzu wird ein Transformationsverfahren angewandt, bei dem der reale, kontinuierliche Bewegungsablauf im CAD-System in einzelne Teilschritte zerlegt und bei jedem Schritt eine Kollisionsüberprüfung durchgeführt wird. Bei der Simulation der Fügevorgänge können einfache geradlinige Fügebewegungen, wie sie in der automatischen Montage vorkommen, berücksichtigt werden. Komplizierte Bewegungsabläufe bzw. rotatorische Bewegungen werden nicht betrachtet. Als Besonderheit kann das System jedoch elastische Schnappvorgänge berücksichtigen.

Zur Gruppe der 3D-grafischen Planungs- und Simulationssysteme gehört das von LAY /66/ entwickelte Programmpaket ERGOMAS /67/ sowie das von PFRANG /89/ entworfene und von KUMMETSTEINER /65/ weiterentwickelte System COSIMAN und das daraus abgeleitete kommerzielle Softwareprodukt ANYSIM /79/. Diese Systeme wurden speziell für die Feinplanung von Montagesystemen entwickelt und erlauben, aufbauend auf eine systeminterne Objektbibliothek von ausgewählten 3D-Modellen von Ausrüstungselementen, das Arbeitssystem zu gestalten. Mit Hilfe eines 3D-Menschmodells und entsprechenden Hilfsräumen können ergonomische Aspekte bei der Gestaltung berücksichtigt werden. Je nach Leistungsfähigkeit des Systems ist auch eine kinematische Simulation der Bewegungssequenzen möglich. Mittels automatischer Ermittlung von Weglängen und nachgebildetem MTM-Analysebogen am Bildschirm wird die Zeitermittlung erleichtert.

Mit dem System VIRTUELLE WERKSTATT /82/ wird ein kommerzielles Planungssystem vorgestellt, das dem Konstrukteur erlaubt, Kollisions- und Paßformuntersuchungen am Bildschirm durchzuführen. Die Daten, die aus heterogenen CAD-Systemen stammen, werden in ihrem Datenvolumen reduziert, zueinander in eine räumliche Beziehung gesetzt und photorealistisch dargestellt. Der Konstrukteur kann mit einer Spacemaus den Bewegungsraum dynamischer Bauteile überprüfen und freie Bauräume ermitteln um Ein- und Ausbausimulationen durchzuführen.

2.2.5 Übersicht der betrachteten Verfahren

Tabelle 1 zeigt eine Übersicht der betrachteten Verfahren. Bei der Unterstützung der Planungsfunktionen ist festzustellen, daß keines der betrachteten Verfahren ausreichende Planungsfunktionen hinsichtlich der Montagegrobplanung bietet. Speziell die Einbeziehung von Montageraum und Montagemittel sowie die Betrachtung komplexer Fügerichtungen sind bei den verfügbaren Verfahren nur eingeschränkt möglich. Interessante Ansätze wie das System Virtuelle Werkstatt ermöglichen Ein- und Ausbausimulationen am Bildschirm. STOLL /107/ schlägt zwar den Einsatz von Virtual Reality Systemen vor, um bestimmte Produkteigenschaften frühzeitig zu erkennen, eine durchgehende Unterstützung der Montageplanung sowie die Möglichkeit mit räumlich dargestellten Bauteilen zu interagieren bietet keines der vorhandenen Verfahren.

Legende:
● trifft zu
◑ trifft bedingt zu

	Anwendungsfall				Planungsfunktionen						Ausprägung							Art des Verfahrens			
	Manuelle Montage	Automatische Montage	Einzel- und Kleinserie	Serienfertigung	Montagegerechtheit	Montageverfahren	Montagemittel	Montagereihenfolge	Montagezeit	Layoutplanung	Schnittstelle zu CAD	Abbildung von Montagemittel	Abbildung von Montageraum	Bewegungsablauf nachgebildet	Bewegungsablauf interaktiv	Fügerichtung geradlinig	Fügerichtung komplex	Modellierungsverfahren	Bewertungsverfahren	Analyseverfahren	Integriertes Verfahren
Elmaraghy, Laperrière /39/		●		●				●										●			
Ko, Lee /60/		●		◑	◑			●										●			
Lee, Gossard /69/		●		◑				●										●			
Huck /57/		●		●				●		●						●		●			
Kanziora /58/	◑	●		◑		◑		●			◑							●			
Dini, Santochi /38/		●		◑		●		●			●					●		●			
Kroll, Lenz, Wolberg /64/		●						●				●						●			
Richter, R. /97/	◑	●	◑	●	●	◑		●			●					●		●			
Boothroyd, Dewhurst /14, 15/	●	●	◑	●	●	◑					◑								●		
Miyakawa, Onashi /74/	●	●		●	●	◑					◑								●		
Bäßler /5/		●		●	●														●		
Ammer /1/	●	●		●				●												●	
Frommherz, Hornberger /45/		●						●			●					●				●	
Delchambre,Falkenauer,Wafflard /35/		●		●				●			●					●				●	
Friedemann /44/	◑	●		●		◑		●			●					●				●	
Moritzen /75/		●		◑	◑			●			●					●				●	
Neubert /85/		●		●		◑	◑	●			●	◑				●	◑			●	
Schöneberg /103/	◑	●		●		●		●			●		◑			●	◑			●	
Thaler /109/	●	●		●		●	●	●			◑									●	
Zülch, Waldhier /121/	●		◑	●	◑	●	●	●		●	●	●	◑	◑		●					●
Richter, M. /96/	◑	●		●	●	●		●		●	●					●	◑				●
Scopes /37/		●		●	●		◑	●		◑	●	●									●
Stoll /107/	●	●	◑	●	●	◑		●			●			◑		●					●
Anysim /79/	●	◑	◑	●	◑	◑	◑		●	●	●	●	●	●		●	◑				●
Ergomas /67/	●	◑	◑	●		◑	◑		●	●	◑	●	●	●		●	◑				●
Virtuelle Werkstatt /82/	●		◑	●	●	◑					●		●		◑	●	●				●

Tabelle 1: Übersicht über rechnergestützte Verfahren zur Montageablaufplanung

2.3 Virtuelle Realität

Der Begriff *virtuelle Realität* (VR) bezeichnet eine völlig neuartige Form der grafischen interaktiven Kommunikation zwischen Mensch und Computer. Zur Beschreibung des Themenbereichs haben sich neben virtueller Realität mehrere Begriffe etabliert. So spricht man beispielsweise von Artificial Reality, Virtual Environments, Virtual Worlds, Telepräsenz und Cyberspace. In der wissenschaftlichen Literatur wird jedoch vorrangig der Begriff virtuelle Realität bzw. Virtual Reality verwendet /19/, /40/. Anerkannt ist die Unterscheidung zwischen virtueller Realität als Oberbegriff für rechnerintegrierte, interaktive dreidimensionale Szenen und Cyberspace als Ausprägung der virtuellen Realität für mehrere kommunizierende Teilnehmer /23/.

Bereits heute ist es in vielen CAD-Programmen möglich, das Konstruktionsobjekt in einer dreidimensionalen Ansicht aus verschiedenen Perspektiven zu betrachten. Mittels zweidimensionalen Interaktionsgeräten wie der Maus wird mit dem dreidimensionalen Objekt interagiert. Bild 13 zeigt, daß das mentale dreidimensionale Modell dabei vom Benutzer in eine zweidimensionale Bewegung umgesetzt werden muß, um ein dreidimensionales Computermodell zu erhalten /27/.

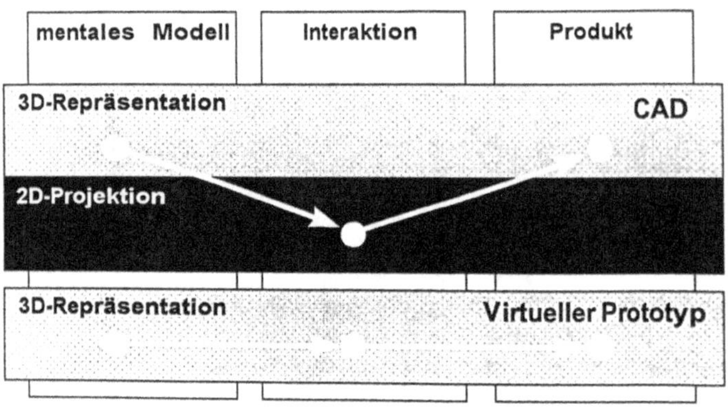

Bild 13: Vergleich von 2D- zu 3D-Interaktion /27/

Die grafischen zweidimensionalen Benutzungsoberflächen erleichtern zwar die Bedienung, nutzen jedoch Interaktionstechniken, die von den natürlichen Kommunikationsformen des Menschen, nämlich Sprache und Gestik, weit entfernt sind. Im Gegensatz zu konventionellen Computeranwendungen erfolgt die Manipulation von dreidimensionalen Objekten bei VR ohne die Beschränkung auf zwei Dimensionen. In VR kann der Mensch mit Objekten dreidimensional interagieren, z. B. Objekte quasi in die Hand nehmen und im Raum bewegen.

Als Kriterium für die Güte der virtuellen Realität bietet sich nach /3/ und /23/ der Grad der Immersion an, der das Gefühl der Eingebundenheit des Benutzers in die virtuelle Welt beschreibt. Der Grad der Immersion ist zum einen von der Güte der Wahrnehmung abhängig, zum anderen vom Verhalten der virtuellen Welt /53/. Daher ist es wichtig, daß die Reaktionen auf die Benutzerinteraktionen mit einer nicht wahrnehmbaren Verzögerung erfolgen.

2.3.1 Funktionsweise

Der Benutzer eines VR-Systems soll den Eindruck erhalten, daß er Teil einer ihn umgebenden Welt ist. Mit Hilfe von Hochleistungsrechnern sowie Interfacetechniken kann die reale Umwelt als eine künstliche Welt abgebildet werden. Virtuelle Realität ist eine 360-Grad-Computersimulation, mit deren Hilfe durch multiple Ansprache der menschlichen Sensorik versucht wird, dem Benutzer ein möglichst realistisches Abbild der virtuellen Simulationsmodelle zu vermitteln /22/. Über spezielle Ein- und Ausgabemedien wird dem Benutzer ein Abbild der virtuellen Welt projiziert bzw. kann er in der Welt interagieren.

Im Gegensatz zu CAD-Systemen wird bei VR die Blickrichtung durch eine Messung der Kopfposition ständig überwacht und die Darstellung entsprechend verandert. Dazu verwendet man tragbare Stereosichtgeräte[1], die am Kopf befestigt werden. Auf Basis der erfaßten Meßdaten wird die Blickrichtung des Benutzers errechnet. Ein Hochleistungsgrafikrechner baut aufgrund der Blickrichtung das ins HMD projizierte Bildpaar auf. Dieser Vorgang wird mit einer möglichst hohen Bildwiederholfrequenz zyklisch wiederholt. Andere Projektionsmöglichkeiten sind herkömmliche Systeme wie Monitor oder Videoprojektion, die über technische Zusatzeinrichtungen auch für eine stereoskopische Darstellung umgerüstet werden können /22/, /54/, /101/. Bild 14 zeigt den Aufbau eines Systems zur virtuellen Realität.

---

[1] Engl. Head Mounted Display, Abk. HMD

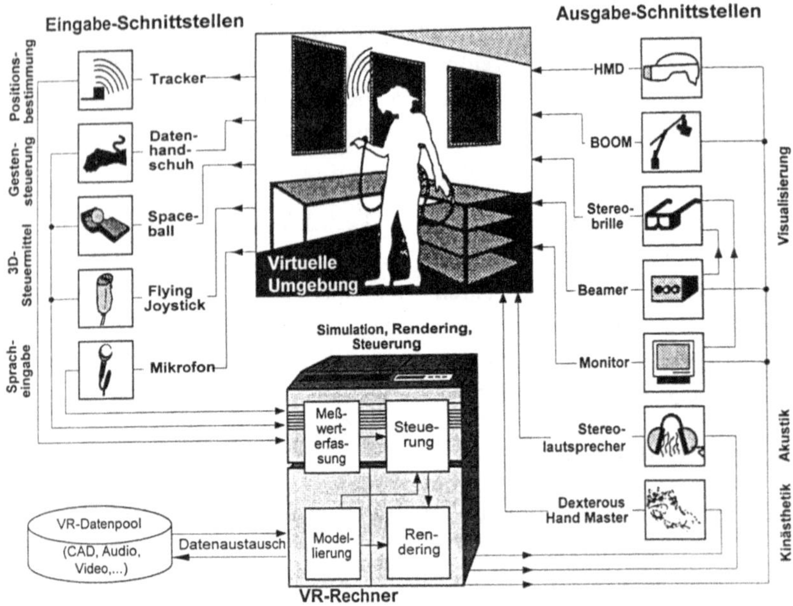

Bild 14: Aufbau eines Systems zur virtuellen Realität (nach /22/)

Für die meisten Anwendungen wird neben der Visualisierung auch eine dreidimensionale Interaktion des Benutzers mit Objekten der virtuellen Umgebung notwendig. Zur Eingabe der Benutzerinteraktionen wird üblicherweise eine Kombination von verschiedenen Techniken verwendet. Die Position von Kopf und Hand des Benutzers wird mit speziellen Meßsystemen (Tracking) aufgenommen. Ein Datenhandschuh nimmt über Sensoren die Winkelstellungen der Finger auf, zusätzlich wird genau wie beim Kopf die Position und Orientierung der Hand gemessen. Das VR-System erkennt unterschiedliche Gesten (Greifen, Zeigen usw.), die bei den Objekten Aktionen auslösen können. Eine detaillierte Darstellung der Funktionsweise und der Interaktionsgeräte für VR-Systeme findet sich in /6/.

2.3.2 Technische Anwendungen

Als Hilfsmittel zur Überprüfung der ergonomischen Gestaltung von Produkten und Arbeitsplätzen werden VR-Systeme angewandt. Ziele dieser Gestaltung sind dabei die Erhöhung der Systemleistung, die Verbesserung der Wirtschaftlichkeit und Arbeitssicherheit, die Optimierung von Belastungs- und Beanspruchungskenngrößen sowie die Verbesserung der Nutzerakzeptanz /23/.

VR verbessert die Evaluierung dadurch, daß eine Testperson selbst Teil der Simulation wird und das Modell in der virtuellen Welt überprüfen kann. Dadurch können verschiedene ergonomische Kriterien, wie z. B. die Erreichbarkeit beim Greifen, die Sichtbarkeit von Anzeigen oder die Beleuchtung, bewertet werden. Der besondere Vorteil von VR gegenüber anderen Techniken liegt darin, daß alle Parameter interaktiv vom Benutzer verändert werden können. Es wurden Werkzeuge entwickelt, die erlauben, Arbeitsplätze in der virtuellen Realität zu konzipieren, zu variieren und zu überprüfen. Der Benutzer kann damit seinen Arbeitsplatz gestalten, indem er Komponenten wie Schreibtische oder Stühle aus der Datenbank auswählt, im vorgegebenen Raum plaziert oder in ihrem Aussehen verändert /52/.

Seit kurzem werden Anwendungen der virtuellen Realität für die Bereiche Concurrent Engineering und Rapid Product Development /24/ entworfen. Virtuelle Realität entwickelt sich zunehmend zu einer Technik, die von Herstellern sehr komplexer Hochtechnologie-Produkte beherrscht werden sollte, um wettbewerbsfähig bleiben zu können /73/. Der Einsatz von virtueller Realität verspricht große Vorteile, wo extrem teure Entwicklungsprozesse - etwa beim Bau von Design-Modellen für neue Automobile - deutlich abgekürzt werden können. Computersysteme, deren Preis-Leistungsverhältnisse sich seit Jahren verbessert hat, die Weiterentwicklung von kommerziellen Softwarepaketen für VR-Anwendungen und die Verfügbarkeit von VR-Systemen auf unterschiedlichen Plattformen, vom PC bis zur Hochleistungsworkstation, haben zur Akzeptanz von virtueller Realität im industriellen Umfeld geführt /16/.

Erste industrielle Anwendungen in der Automobilindustrie werden von MAY und STAHL /73/ sowie von PURSCHKE /90/ beschrieben. VR wird hier als intuitiv richtige Mensch-Maschine-Schnittstelle zum digitalen Produktmodell eingesetzt und beschleunigt den gesamten Design-, Konstruktions- und Produktionsplanungsprozeß drastisch. Neben Anwendungen im Bereich Marketing und Produktpräsentation gewinnt der ergonomisch optimierte Entwurf von Bedienarbeitsplätzen mit Hilfe von VR-Techniken eine immer größere Bedeutung.

Um den Entwicklungsprozeß zu verkürzen und die Kommunikation zwischen der Konstruktion und den nachgelagerten Abteilungen zu fördern, schlagen BAUER, BREINING und RÖSSLER /7/ VR als kooperatives Medium für die Zusammenarbeit im Entwicklungsprozeß vor. Als Planungswerkzeug für Innenarchitekten und Designer wird das CIATool von BAUER, BUES und RIEDEL /8/ eingesetzt. Ein typischer Anwendungsfall dieses Softwarewerkzeuges ist die Erstellung von Raumlayouts mit neuen, noch nicht als Prototypen verfügbaren Möbelstücken. Weitere Einsatzbereiche sind z. B. die Ausstattung und Einrichtung von Produktionsanlagen. BRAUMANN /17/ diskutiert den Ansatz des Visual Manufacturing, bei dem Verbindungen zwischen den einzelnen an einem Produktlebenszyklus beteiligten Komponenten durch einen entsprechenden Informationsfluß und 3D-Produktmodelle unterstützt werden.

BAUER /6/ entwickelt das System SYVERA, ein System zur ergonomischen Arbeitsgestaltung unter Verwendung von Techniken der virtuellen Realität. Mit dem vorgestellten Werkzeug wird es den an den Arbeitsplanungs- und Gestaltungsprozessen Beteiligten ermöglicht, wesentliche Inhalte für die Planung und Gestaltung von Arbeitsplätzen, Arbeitsmitteln und Arbeitsumgebungsfaktoren unter ergonomischen Gesichtspunkten intuitiv durchzuführen und den Gestaltungszustand unmittelbar zu erleben und zu bewerten.

GAUSEMEIER, SABIN und LEWE /47/ stellen ein System vor, das die Entwicklung von Produkten und deren realistische Präsentation in einer künstlichen Umgebung mittels virtueller Prototypen ermöglicht. Am Beispiel eines Sitzmöbelherstellers wird gezeigt, wie verschiedene Entwürfe konstruiert und in einer möglichst natürlichen Form für Präsentationszwecke visualisiert werden. Das Konzept umfaßt neben der Visualisierung auch eine CAD/CAM-Schnittstelle zur Erzeugung von Fertigungsdaten für die Produkte.

Eine Systemarchitektur, die Anwendungssysteme aus den Bereichen CAD, Simulation, computer-unterstützte Gruppenarbeit und virtuelle Realität integriert, wird von RIX, KRESS und SCHROEDER /98/ vorgestellt. Ziel ist, eine integrierte Umgebung für virtuelle Prototypen zu schaffen, mit der verschiedene Funktionalitäten aus den unterschiedlichen Bereichen des Produktlebenszyklus nachgebildet werden können.

Ein neuartiges CAD-Konzept, das aus der Zusammenführung von Techniken der virtuellen Realität und konventionellen CAD-Systemen entsteht, wird von BÜTTNER, REINEMUTH und BIRKHOFER /31/ diskutiert. Dieses sogenannte CyperCAD-System soll durch Verbesserung der Visualisierungs- und Manipulationsdefizite heutiger CAD-Systeme das Konstruieren mit CAD vereinfachen und zu einer Effizienzsteigerung führen. So kann das System neben der reinen Geometriemodellierung z. B. für die virtuelle Montage von stranggepreßten Aluminiumprofilen eingesetzt werden.

Zur Unterstützung der Planungs- und Konzeptionsphase in der Konstruktion werden momentan Ansätze entwickelt, die Designmodelle durch virtuelle Tonmodelle ersetzen. Zur Umsetzung einer skizzierenden Formgestaltung im Design wird von LÜDDEMANN /72/ der Ansatz der virtuellen Tonmodellierung vorgestellt. Als Basis wurde ein Modellierkern entwickelt, der orientiert an realen Vorbildern aus der Technik des Modellbaus, rechnerinterne Werkzeuge zur Bearbeitung eines Designmodells bereitstellt.

Der Nutzen von virtuellen Prototypen für die kinematische und dynamische Analyse von Produkten sowie die entsprechende echtzeitfähige Visualisierung dieser Vorgänge ist ein weiteres Anwendungsfeld von virtueller Realität. LEE /68/ diskutiert Vorteile, die durch Anwendung von VR entstehen, und schlägt vor, entsprechende Analysen auf Personalcomputern durchzuführen. FLAIG, NEUGEBAUER und DÄINGHAUS /43/ beschreiben die Planung von zukünftigen Produktionsabläufen mit Robotern durch virtuelle Realität. Mit dem System VR4RobotS können durch virtuelles Teachen und Off-line-Programmierung Bahndaten für Roboter erzeugt werden, die für die Programmierung realer Roboter verwendet werden. Die Möglichkeit, in der virtuellen Umgebung Steuerprogramme wie SPS zu testen und sie dann auf reale Maschinen zu übertragen, wird von GREFEN, FLAIG und NEUBER /51/ am Beispiel einer virtuellen Logistikanlage gezeigt, in der ein komplettes Logistikzentrum inklusive Steuerung in VR abgebildet und simuliert wurde.

Um Konstruktions- und Herstellprozesse miteinander zu verbinden, entwickelte TAYLER et. al. /108/ das System Virtual Manufacturing, bei dem der Benutzer die Möglichkeit hat, den Herstellprozeß neu konstruierter Teile in einer virtuellen Werkstatt zu validieren und diese Informationen für die Generierung von Steuerprogrammen für reale Maschinen zu verwenden.

CONNACHER, JAYARAM und LYON /32/ präsentieren ein Konzept einer virtuellen Montageplanungsumgebung, bei der einfache Fügeoperationen zur Überprüfung der Montagegerechtheit eines Produktes durchführbar sind. Daten werden aus einem kommerziellen CAD-System übertragen und entsprechend in der virtuellen Umgebung dargestellt.

Tabelle 2 zeigt eine Übersicht über den Stand der technischen Anwendungen der virtuellen Realität.

Legende:
● trifft zu
◑ trifft bedingt zu

	Anwendungsbereich								Realisierungsstand				Ausprägung						
	Konstruktion				Montageplanung														
	Planungsphase	Konzeptionsphase	Entwurfsphase	Ausarbeitungsphase	Konzeption	Grobplanung	Feinplanung	Realisierung	Idee/Technologieabschätzung	Konzept	Realisiert/Testphase	Kommerzielles Produkt	Theorie/Überblick	Entwicklungsumgebung	Informationssystem	Simulationssystem	Schwerpunkt Montage	Schwerpunkt Konstruktion	Schwerpunkt Produktion
Bauer /6/			◑	◑			●	◑			●				●	●	◑		
Bauer, Breining, Rößler /7/	●	●								●	◑			◑	●			●	
Bauer, Bues, Riedel /8/	●	●	◑								●			●	●			●	
Braumann /17/		◑	◑	◑		◑	◑		●				●	◑			◑	●	◑
Büttner, Reinemuth, Birkhofer /31/			●	●		◑	●		●	●				●	●		◑	●	
Connacher, Jayaram, Lyons /32/		●	●			●	◑			●	◑						●	◑	
Flaig, Neugebauer, Däinghaus /43/			◑	◑			◑	●			●			●		●		◑	●
Gausemeier, Sabin, Lewe /47/		●	●		●	◑					●			●	●			●	◑
Grefen, Flaig, Neuber /51/			◑	●		◑					●				◑	●		●	◑
Lee /68/		◑	●	●					●	◑				◑				●	
Lüdemann /72/	●	◑								●	◑			●				●	
May, Stahl /73/	●	●	◑	◑	●	◑					●	◑		●	●	◑		●	
Purschke /90/	●	●	◑	◑							●	◑		●	●	◑		●	
Rix, Kress, Schröder /98/	●	●	●		◑	◑				●	◑			●	●			●	
Taylor et al. /108/		◑	●	●							●				◑	●			●

Tabelle 2: Literaturübersicht technischer Anwendungen der virtuellen Realität

2.4 Methoden zur Zeitermittlung

REFA /94/ unterscheidet die Verfahren zur Zeitermittlung in *Ist-Zeiten erfassen* und *Soll-Zeiten bestimmen*. Zeiten, die tatsächlich von Menschen und Betriebsmitteln für die Ausführung bestimmter Ablaufabschnitte benötigt werden, nennt man Ist-Zeiten. Die Erfassung der Ist-Zeiten ist nur durch direkte Messung am Arbeitsplatz durch einen Beobachter (Zeitaufnahme) oder durch den arbeitenden Menschen selbst bzw. beim Betriebsmittel durch eine selbsttätige Registrierung möglich. Die verschiedenen Methoden zur Ermittlung von Zeiten für bestimmte Ablaufabschnitte sind in Bild 15 zusammengefaßt.

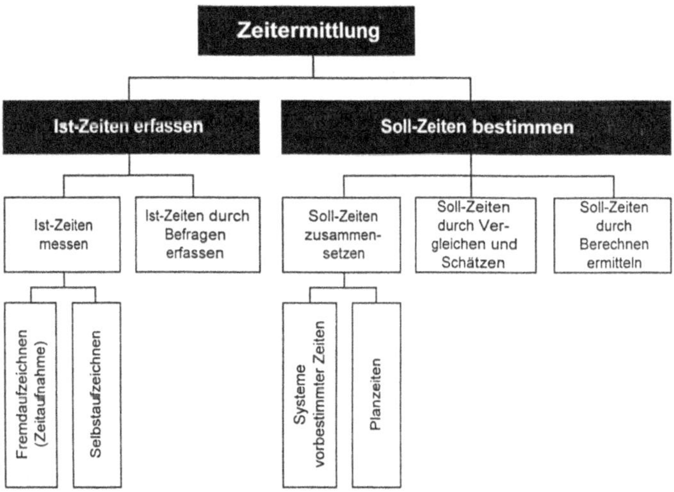

Bild 15: Methoden zur Ermittlung von Zeiten für Ablaufabschnitte /94/

Durch Auswertung aus zuvor erfaßten Ist-Zeiten werden Soll-Zeiten abgeleitet. Durch Kombination der Soll-Zeiten kleinerer Ablaufabschnitte werden Soll-Zeiten für größere Ablaufabschnitte gebildet. Auf diese Weise können sowohl Zeiten für die tatsächlich ausgeführten Abläufe (Ist-Abläufe) als auch für die geplanten Abläufe (Soll-Abläufe) bestimmt werden. Soll-Zeiten für unbeeinflußbare Ablaufabschnitte können unter Anwendung von Leistungsdaten der Betriebsmittel berechnet werden.

2.4.1 Systeme vorbestimmter Zeiten

Systeme vorbestimmter Zeiten (SvZ) sind nach REFA Methoden, mit denen Soll-Zeiten für das Ausführen der Vorgangselemente bestimmt werden, die vom Menschen voll beeinflußbar sind /95/. Die Grundlage der Methoden ist die Unterteilung der Arbeit in Bewegungselemente (Vorgangselemente), für die Zeitbausteine (= vorbestimmte Zeiten) existieren. Die Vorgabezeit wird durch Auflistung dieser Bewegungselemente und die Zuordnung der entsprechenden Zeitbausteine ermittelt. Bild 16 verdeutlicht den Anwendungsbereich der Systeme vorbestimmter Zeiten.

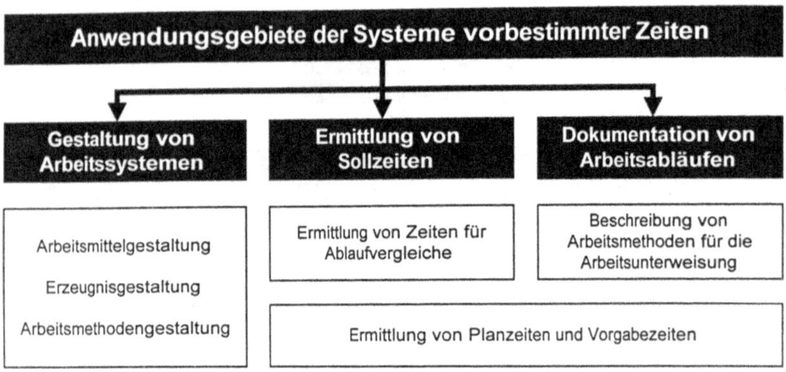

Bild 16: Anwendungsgebiete der Systeme vorbestimmter Zeiten (nach /13/)

Eine der bekanntesten Methoden der Systeme vorbestimmter Zeiten ist das Methods-Time Measurement (MTM) /21/. Das Verfahren ist nach /81/ wie folgt definiert:

Das MTM ist ein Verfahren, bei dem manuelle Abläufe in ihre Grundbewegungen gegliedert werden. Jeder Grundbewegung wird ein Normzeitwert zugeordnet, der in seiner Höhe durch die erfaßten Zahlenwerte und Klassen der Einflußgrößen (vor-)bestimmt ist.

Das methodische Vorgehen bei der Datenermittlung mit dem MTM-Verfahren besteht aus 2 Schritten, die im folgenden dargestellt sind /21/:

1. Schritt: Ablaufanalyse

- Ablauf abschnittsweise in Bewegungselemente gliedern.

2. Schritt: Zeitzuordnung

- Qualitative und/oder quantitative Einflußgrößen der Bewegungselemente ermitteln

- Soll-Zeit jedes Bewegungselements in Abhängigkeit der Einflußgröße(n) der Bewegungselemente ermitteln
- Soll-Zeit des Ablaufabschnittes ermitteln
- Soll-Zeit des Ablaufs ermitteln.

Das Bild 17 zeigt das Prinzip der Zeitermittlung nach dem MTM-Verfahren.

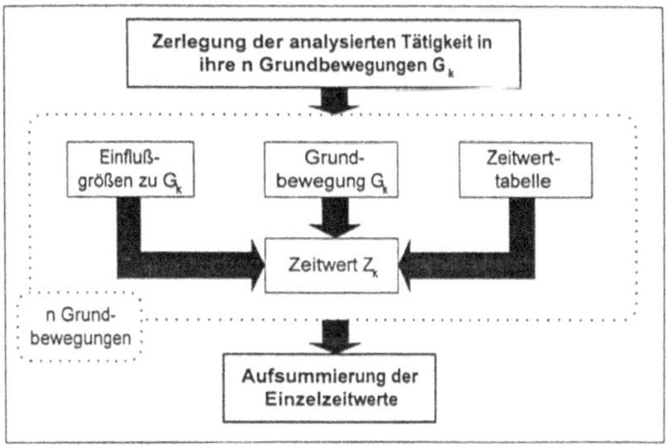

Bild 17: Zeitermittlung nach dem MTM-Verfahren /59/

Um den vielfältigen Anwendungsgebieten des MTM-Systems gerecht zu werden, wurde es von einem Analysiersystem der Massenfertigung zu einer Planungsmethodik auch für Einzel- und Kleinserienfertigung weiterentwikkelt. Nach den zwei Konstruktionsprinzipien „Zusammenfassung korrespondierender Grundbewegungen" und „Vereinfachung der zu berücksichtigenden Einflußgrößen", wurden die extrem aufgegliederten Bewegungselemente des MTM-Grundverfahrens in größere Bewegungsfolgen eingegliedert. Die erste Verdichtungsstufe stellt die Basiswerte dar, darauf folgen die Analysiersysteme UAS (Universelles Analysiersystem) und MEK (MTM für die Einzel- und Kleinserienfertigung), die das Methodenniveau eines Arbeitsbereiches abbilden.

2.4.2 Grundbewegung nach Methods-Time Measurement

Ausgangsbasis zur Auswahl geeigneter Interaktionsgeräte ist die Abbildbarkeit der Grundbewegungen nach MTM (Methods-Time Measurement). Im Montagebereich gilt, daß bis zu 85 % der Arbeitsabläufe aus den in /81/ dargestellten Grundbewegungen bestehen, wobei auch die Bewegungsfolge typisch ist /71/. Wie Bild 18 zeigt, verlaufen die Grundbewegungen nach einer definierten Abfolge, die als Bewegungszirkel der MTM-Grundbewegungsarten dargestellt ist. Beginnend mit dem Hinlangen ist mit dem Loslassen der gesamte Ablauf der Grundbewegungen beendet.

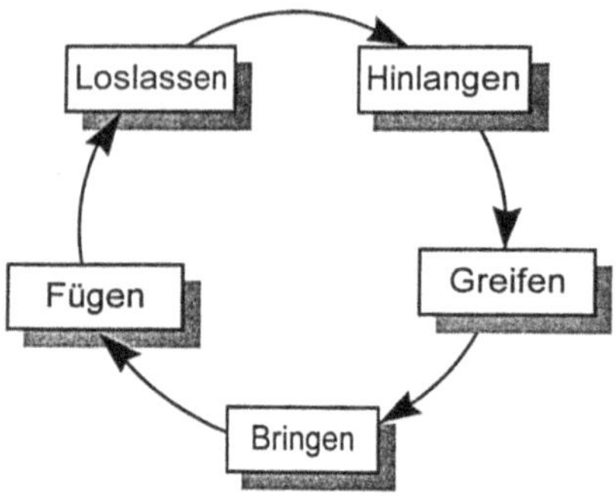

Bild 18: Grundbewegungen nach Methods-Time Measurement /71/

Die Grundbewegung Fügen wird hier nicht im Sinne einer Fertigungshauptgruppe nach DIN 8593 /86/ gebraucht, sondern ist *„das Bewegen der Finger oder Hand, um einen Gegenstand in einen anderen einzustecken oder an einen anderen anzufügen"* /81/.

Bei strenger Auslegung der Definition des Begriffs Montagevorgang ist nur die Grundbewegung Fügen als eigentlicher Montagevorgang zu betrachten. Um jedoch einen manuellen Montagevorgang durchführen zu können, sind zwangsläufig die Grundbewegungen Hinlangen, Greifen, Bringen und Loslassen notwendig. Die fünf Grundbewegungen können sowohl einhändig oder beidhändig ablaufen. Wenn Montagemittel wie z. B. Schraubendreher zur Durchführung eines Fügevorgangs benötigt werden, so erfolgt das Zuführen dieser Montagemittel ebenfalls mit den obig beschriebenen Grundbewegungen.

Je nach den Einflußgrößen bei der Ausführung der Grundbewegungen ergeben sich unterschiedliche Soll-Zeiten, die in Zeitwerttabellen aufgelistet werden. Tabelle 3 faßt die wichtigsten Haupteinflußgrößen zusammen und ordnet sie den Grundbewegungen zu. Die einzelne Einflußgröße ist bei der Ablaufanalyse zu differenzieren, um damit eine angepaßte Zuordnung der Zeitbausteine zu den Grundbewegungen zu ermöglichen.

		Einflußgrößen							
		Bewegungslänge	Bewegungsfall	Bewegungsverlauf	Art des Greifens	Kraftaufwand	Passungsklasse	Symmetriebedingungen	Handhabung
Grund-bewegungen	Hinlangen	●	●	●	○	○	○	○	○
	Greifen	○	○	○	●	○	○	○	○
	Bringen	●	●	●	○	●	○	○	○
	Fügen	○	○	○	○	○	●	●	●
	Loslassen	○	●	○	○	○	○	○	○

Legende: ● bestimmender ○ nicht bestimmender Einflußfaktor einer Bewegungsausführung nach MTM

Tabelle 3: Einflußgrößen der MTM-Grundbewegungen

2.4.3 Universelles Analysier-System

Das Universelle Analysier-System (UAS) ist ein Datensystem, das für die Ablaufbeschreibung und Soll-Zeit-Ermittlung konzipiert ist. Typischer Anwendungsbereich ist die Serien- und Massenfertigung, wobei im Gegensatz zum Grundverfahren das Arbeitssystem nur in Schwerpunkten und nicht detailliert gestaltet werden soll /55/.

Beim UAS werden Grundvorgänge unterschieden, deren Bausteine jeweils einen in sich geschlossenen, sinnvoll abgegrenzten Bewegungsablauf umfassen. HELMS /55/ nennt hierzu die Beispiele:

- Hinlangen, Greifen und Bringen eines zu montierenden Teils ggf. mit Fügen und Loslassen (Grundvorgang: Aufnehmen und Plazieren), ohne daß diese Bewegungen zwangsläufig ununterbrochen ausgeführt werden.
- Hin- und Herbewegen eines Handwerkzeuges wie beispielsweise beim Feilen (Grundvorgang: Bewegungszyklen).
- Ausrasten eines Vorschubhebels und Einschalten einer Bohrmaschine (Grundvorgang: Betätigen).

Das UAS-Datensystem besteht aus den Teilen UAS-Analysiersystem und UAS-Aufbaustufen. Das UAS-Analysiersystem dient der reproduzierbaren Ablaufbeschreibung und Soll-Zeitermittlung (Grundzeiten) für die durch den Menschen beeinflußbaren (manuellen) Arbeitsablauf sowie der Entwicklung von Zeitberechnungsunterlagen. In den UAS-Aufbaustufen sind Soll-Zeiten von zusammengefaßten Arbeitsinhalten für typische Tätigkeiten enthalten, deren Ausführung sich von Betrieb zu Betrieb nur unwesentlich unterscheidet /84/.

Bei der Analyse von Soll-Zeiten beschränkt sich das UAS-Analysiersystem auf Einflußgrößen, die bereits im Planungsstadium einer Arbeitsmethode bekannt sind bzw. festgelegt werden können. Bild 19 stellt diese Einflußgrößen zusammen.

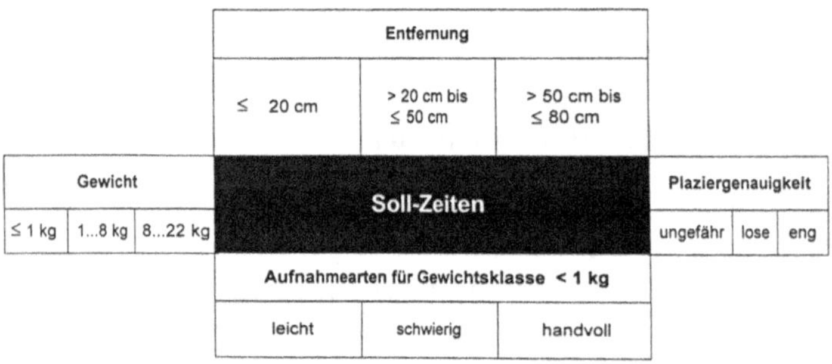

Bild 19: Einflußgrößen des UAS-Analysiersystems

Die Einflußgrößen sind in Zusammenhang mit den Grundvorgängen wie z. B. Aufnehmen und Plazieren, Plazieren, Hilfsmittel handhaben, Betätigen sowie Bewegungszyklen zu betrachten. Hierbei handelt es sich um die Bewegungslänge, die in drei Entfernungsbereiche gestuft wird, das Gewicht des zu handhabenden Objektes, eingeteilt in drei Gewichtsklassen, die Plaziergenauigkeit, wobei zwischen einer ungefähren, losen und engen Plazierung unterschieden wird. Für Bauteilgewichte unter einem Kilogramm werden zusätzlich drei Aufnahmearten unterschieden. Tätigkeiten wie mentale Funktionen und Körperbewegungen, die nicht direkt im Zusammenhang mit den beschriebenen Einflußgrößen stehen, werden hier nicht betrachtet.

3 Konzeption des virtuellen Montageplanungssystems

In der vorliegenden Arbeit wird ein Montageplanungssystem entwickelt, das dem Planer ermöglicht, Produkte unter Berücksichtigung eingeschränkter Raumökonomie virtuell zu montieren und zu demontieren. Interaktiv wird ein Montageablaufplan erstellt, der die reale Produktionsumgebung berücksichtigt.

Im folgenden soll die Verwendung virtueller Prototypen in der Montageplanung beschrieben und - aufbauend hierauf - ein Konzept für die interaktive Gestaltung und Auswertung virtueller Montagevorgänge entwickelt werden.

3.1 Virtuelle Prototypen als Hilfsmittel zur Montageplanung

Der Prozeß der Produktentstehung umfaßt die Konstruktion des Produktes, die Arbeitsplanung und die eigentliche Fertigung. Der Ablauf des Konstruktionsprozesses sowie der Montageplanung ist hinlänglich in der Literatur beschrieben /21/, /44/, /93/, /97/, /110/, /111/.

In der Entwurfsphase wird vom abstrakten Konzept zu konkreten Teilen übergegangen. Hier wird die endgültige Anzahl von Einzelteilen sowie deren Verbindungen untereinander festgelegt. Zur Strukturierung des Produktes können die Einzelteile zu Montagebaugruppen zusammengefaßt werden. Mit der Anordnung und Gestaltung der Einzelteile wird die Montageablaufstruktur des Produktentwurfs bestimmt. Mit der Ermittlung von Montagebaugruppen und der Montageablaufstruktur sind die produktseitig möglichen Montageabläufe bereits in der Entwurfsphase festgelegt /97/. Die Detailoptimierung an Einzelteilen bezüglich Form, Werkstoff, Oberfläche und Toleranzen wird in der Ausarbeitungsphase vorgenommen. Die Variation der Gestalt erfolgt innerhalb der in der Entwurfsphase festgelegten Grenzen.

Bereits in der Entwurfsphase können mit Hilfe von Prototypen hochwertige und aussagekräftige Informationen bezüglich der montagerelevanten Produkteigenschaften gewonnen werden. Als Prototyp wird die physische oder virtuelle Repräsentation des Produktes oder seiner Teilsysteme in unterschiedlichen Ausprägungen und Detaillierungsstufen verstanden /51/.

Ohne virtuelle Prototypen ist nach Meinung vieler Fachleute die Entwicklung komplexer Produkte in kurzer Zeit künftig nicht mehr praktikabel /100/. In der heutigen Produktentwicklung sind üblicherweise noch mehrere teure Prototypen erforderlich, bevor ein Produkt seine endgültige Gestalt erreicht. Durch eine Verbesserung der virtuellen Prototypen kann schrittweise die erforderliche Zahl der physikalischen Prototypen reduziert werden /104/.

Eines der wesentlichen Ziele bei der Einführung von virtuellen Prototypen in der Produktentwicklung liegt darin, die Kosten für den aufwendigen Musterbau zu reduzieren, indem man ihn weitgehend durch digitale Modelle und Simulation ersetzt. Die Aktualität digitaler Prototypen liegt im Stundenbereich und nicht wie bei realen Prototypen im Tage- oder Wochenbereich. Mit dieser schnellen Verfügbarkeit von digitalen Prototypen besteht die Möglichkeit, Entscheidungen im Entwicklungsprozeß jeweils aufgrund der fast aktuellen Daten zu fällen /98/.

Ein virtuelles Produkt bzw. ein virtueller Prototyp eines Produktes basiert in der Regel auf CAD-Daten, die in ein VR-System importiert und dort visualisiert werden können. Gegenüber dem physikalischen Modell kann ein virtueller Prototyp neben der Gestaltvisualisierung auch zur Simulation der unterschiedlichen Funktionalitäten im Produktlebenszyklus verwendet werden. Das Spektrum reicht dabei von der visuellen Präsentation des Designs über Simulation der Herstellung bis hin zur Überprüfung der Montage und Demontage für die Wiederverwendung /50/, /98/.

Die Entwicklungen im Bereich virtueller Prototypen konzentrieren sich auf die Branchen Automobil und Luftfahrzeugbau. Hier stehen insbesondere Anwendungsbereiche wie Beurteilung von Designentwürfen, Zusammenbausimulation und ergonomische Untersuchungen im Vordergrund. So konnte bei der Entwicklung der Boeing 777 durch den Einsatz durchgängiger 3D-CAD Konstruktion und der Nutzung von virtuellen Prototypen die Anzahl der physikalischen Prototypen für die komplexe Cockpit-Sektion auf ein Exemplar reduziert werden /63/. Weitere Aktivitäten gibt es bei allen namhaften Automobilproduzenten in den Bereichen Styling, Ergonomieuntersuchungen und

Zusammenbausimulation von Baugruppen. Beispielsweise verkürzt die BMW AG die Durchlaufzeit in der Prozeßkette „Entwicklung bis Zusammenbau" um 30 Prozent durch die Verwendung virtueller Prototypen /100/. Der Entwicklungstrend im Bereich virtueller Prototypen geht von der reinen Visualisierung des Designs hin zur dynamischen interaktiven Simulation von Produkteigenschaften.

Als Schnittstelle zwischen Konstruktion und Montageplanung können virtuelle Prototypen den Entwicklungs- und Planungsprozeß erheblich verkürzen. Die Ergebnisse der Entwurfsphase können direkt am virtuellen Prototypen interaktiv beurteilt werden. Speziell für den Montageplanungsprozeß können so in der Grobplanungsphase die Bestimmung der Montagereihenfolge, die Berechnung von Montagezeiten sowie die Überprüfung der Montagegerechtheit des Produktes direkt am virtuellen Prototyp vorgenommen werden.

Bild 20 zeigt eine Konzeption der Unterstützung des Konstruktions- und Montageplanungsprozesses durch die Verwendung virtueller Prototypen. Der mit Hilfe der CAD-Konstruktionsdaten visualisierte Prototyp stellt die Schnittstelle zwischen den Entwurfs- und Ausarbeitungsphasen des Konstruktionsprozesses sowie der Grobplanungsphase des Montageplanungsprozesses dar.

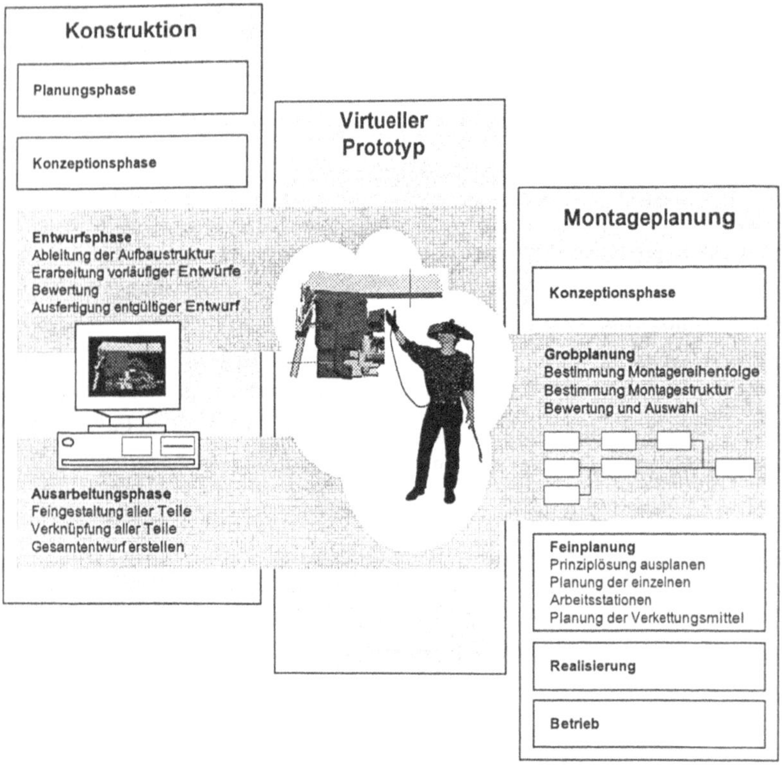

Bild 20: Virtueller Prototyp als Hilfsmittel zur Montageplanung

3.2 Interaktive Gestaltung und Auswertung virtueller Montagevorgänge

Ziel des virtuellen Montageplanungssystems ist, Bauteile und Bauelemente, die als virtuelle Prototypen vorliegen, in einer virtuellen Umgebung zu montieren. Diese Montagevorgänge sollen als Planzeiten und in Form eines Montagevorranggraphen ausgewertet werden. Bei der Durchführung von manuellen Montagevorgängen müssen, neben der Abbildung der zu montierenden Bauteile, die notwendigen Verbindungselemente und Montagemittel mit berücksichtigt werden.

Zentrale Grundlage dieser Planung ist der strukturelle und geometrische Aufbau des zu montierenden Produktes sowie alle Restriktionen, die sich durch den eingeschränkten Einbauraum und die mangelnde Zugänglichkeit ergeben. Hierdurch werden Art und Reihenfolge der auszuführenden Montageoperationen festgelegt.

Grundvoraussetzung für virtuelle Montageplanung ist die Durchführung von Montageoperationen mit virtuellen Prototypen in einer virtuellen Umgebung. Um Montagetätigkeiten in VR ausüben zu können, müssen die zu montierenden Bauteile im 3D-Raum als virtuelle Objekte visualisiert werden. Durch Greif-, Beweg- und Fügeoperationen der virtuellen Bauteile können Montageoperationen interaktiv durchgeführt werden. Die Realisierung von Montageoperationen fordert neben der Abbildung der an der Operation beteiligten Bauteile auch die Abbildung der notwendigen Montagemittel.

Bei der interaktiven Durchführung von Montagetätigkeiten in der virtuellen Umgebung können die Bedingungen von realen Montageabläufen nur angenähert werden. Durch mangelnde haptische und taktile Rückkopplung der verfügbaren Interaktions-Hardware ist die Funktionalität beim Bewerkstelligen von virtuellen Montagevorgängen, im Vergleich zur Realität, eingeschränkt. So spielen beispielsweise Schwerkraft, Reibung und Bauteilgewicht für die virtuellen Montagevorgänge eine untergeordnete Rolle, wohl aber bei der Ausführung von realen Montagevorgängen. Die für den virtuellen Montagevorgang benötigte Montagezeit kann durch direkte Zeitaufnahme im VR-System bestimmt werden. Diese Zeiten für virtuelle Montagevorgänge lassen sich jedoch aufgrund der beschriebenen Einschränkungen nicht mit den Zeiten vergleichen, die in einer realen Umgebung tatsächlich vom Menschen für die Durchführung derselben Montageaufgaben benötigt werden. Voraussetzung für die Auswertung virtueller Montagevorgänge ist daher die Integration von bestehenden Verfahren zur Planzeitermittlung in den Planungsablauf.

Das Vorgehen bei der interaktiven Gestaltung und Auswertung von Montagetätigkeiten in der virtuellen Realität kann in folgende chronologische Schritte unterteilt werden:

- Übernahme virtueller Prototypen
- Abbildung der realen Produktionsumgebung

- Interaktive Durchführung von Montageplanungsaufgaben
- Zeitliche Auswertung der interaktiven Planung
- Ermittlung der Teilverrichtungen und deren Abhängigkeitsbeziehungen aufgrund der interaktiven Benutzerinteraktionen
- Darstellung der Montagereihenfolge als Vorranggraph.

Bild 21 zeigt schematisch das Konzept zur interaktiven Gestaltung und Auswertung von manuellen Montagevorgängen in der virtuellen Realität.

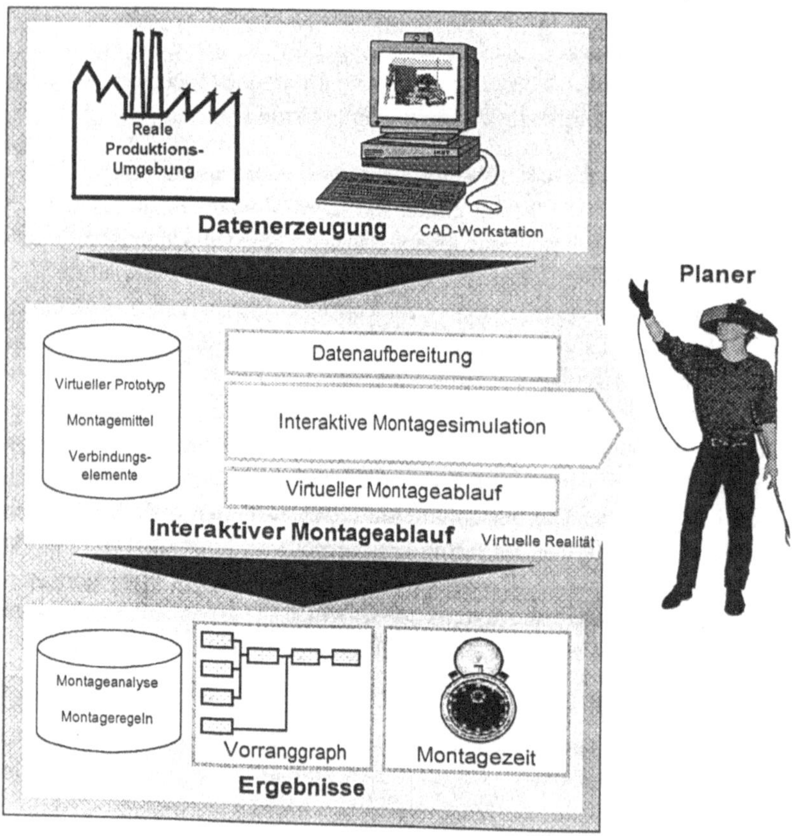

Bild 21: Konzeption des Systems zur virtuellen Montageplanung

4 Interaktive Gestaltung von Montagetätigkeiten in der virtuellen Realität

Nachfolgend soll die im Rahmen der Arbeit entwickelte Gestaltung von Montagetätigkeiten in der virtuellen Realität beschrieben werden. Die geometrische Modellierung der Bauteile und Montagemittel ist ebenso Gegenstand dieses Kapitels.

4.1 Gestaltmodellierung

Die Rechnerunterstützung der Konstruktion mechanischer Bauteile beginnt mit der Beschreibung der Produktgeometrie in einem Modell. Der Begriff *geometrisches Modellieren* umfaßt die Methoden, die benötigt werden, um ein abstrahiertes, geometrisches Objekt im Computer darstellen und verarbeiten zu können /105/. Verschiedene Verfahren werden zur Produktmodellierung eingesetzt, wobei sie sich durch Art und Weise des Modellaufbaus unterscheiden.

Im folgenden sollen die Verfahren zur geometrischen Modellierung von Produkten in CAD-Systemen sowie in VR-Systemen beschrieben werden.

4.1.1 Gestaltmodellierung mit CAD-Systemen

Ein sehr wichtiges Hilfsmittel zur Abbildung von Produkteigenschaften im Konstruktionsprozeß bildet das CAD-System, das die Aufgabe hat, Objekte in Form eines Rechnermodells abzubilden.

Geometriemodelle sind die Basis für die rechnerinterne Darstellung und Bearbeitung von gestaltbezogenen Produktinformationen. Der Funktionsumfang heutiger CAD-Systeme beschränkt sich auf die Abbildung von Geometriemodellen, die jedoch nur einen Teil der Funktionsumfänge von Produktmodellen darstellen.

Verfahren zur geometrischen Modellierung von Produkten lassen sich anhand der ihnen zugrundeliegenden Darstellung geometrischer Objekte klassifizieren. Man unterscheidet bei CAD-Systemen zwischen 2D-, 2½ D- und 3D-

Modellen. Bei der dreidimensionalen Darstellung werden die Verfahren hinsichtlich der Darstellung von Elementen in 3D-Draht-, Flächen- und Volumenmodelle unterschieden /61/.

Volumenmodelle können in generative und akkumulative Modelle differenziert werden. Generative Modelle legen die Informationen über das zu erzeugende Objekt in Form eines Programms ab. Die geläufigsten Formen der Volumenmodellierung sind das CSG-Modell (Constructive Solid Geometry) sowie das B-Rep-Modell (Boundary Representation). Beim generativen CSG-Modell erfolgt die Modellierung über die mengentheoretische Verknüpfung von einfachen geometrischen Körpern. Wichtigste Modellart akkumulativer Modelle ist das geometrisch-topologische Strukturmodell, das als B-Rep bezeichnet wird. Hier wird ein Objekt durch seine Oberflächen und durch Vektoren beschrieben, die die Lage der Oberflächen zueinander definieren /113/. Hybride Modelle stellen eine Kombination der generativen und akkumulativen Modelle dar. Bild 22 zeigt die dreidimensionale Modellierung von CAD-Modellen mittels CSG und B-Rep- Modell.

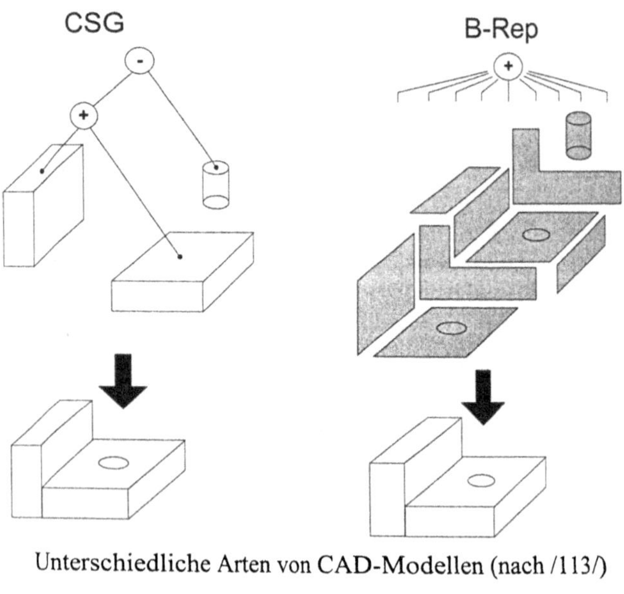

Bild 22: Unterschiedliche Arten von CAD-Modellen (nach /113/)

4.1.2 Gestaltmodellierung mit VR-Systemen

Dreidimensionale Objekte werden durch raumorientierte Repräsentationsformen abgebildet. Die starren Körper werden durch Polyeder beschrieben. Diese spielen bei der Modellierung deshalb eine besondere Rolle, weil sie ebene Begrenzungsflächen besitzen und dadurch leicht repräsentierbar und gut zu handhaben sind. Zudem lassen sich real vorkommende Körper durch Polyeder beliebig genau repräsentieren. Die Anzahl der Polygone, die für die Approximation verwendet werden, bestimmt wie genau ein Objekt in einer 3D-Umgebung repräsentiert wird.

Eine explizite Darstellung von Polyedern erhält man mit der sogenannten *Boundary Representation*, die alle geometrischen Informationen über den Rand eines Polyeders enthält. Dieser Rand besteht aus konvexen Polygonen, die an den Randkanten miteinander verklebt sind. Die Randkanten selbst besitzen als Rand zwei Eckpunkte, in denen mehrere Begrenzungsflächen zusammenstoßen. Die Geometrie legt man durch Angabe der kartesischen Koordinaten der Eckpunkte fest. Die Oberflächenstruktur läßt sich analog beschreiben, indem die Indizierung zwischen Eckpunkten, Kanten und Flächen vermerkt wird.

Für die Darstellung der Polyeder existieren unterschiedliche Datenformate. Diese Datenformate sind in /76/ ausführlich dokumentiert. In der Regel werden die Polyeder durch ihre Position im Raum, durch eine Liste aller Eckpunkte P sowie einer Liste aller Polygonflächen F dargestellt. Bild 23 zeigt die Repräsentation eines Polyeders. Der Polyeder wird im Beispiel aus 6 Eckpunkten und 8 Flächen aufgebaut, wobei jede Fläche als Polygon dargestellt wird. Die Eckpunkt-Liste enthält für jeden Eckpunkt einen Vektor, der die [x, y, z] Position des Eckpunktes beschreibt. Die Flächen-Liste enthält für jede Fläche eine Liste der Eckpunkte der Fläche. Die Vorder- bzw. Rückseite der Fläche kann durch die Reihenfolge der Eckpunkte (Uhrzeiger- oder Gegenuhrzeigerrichtung) oder durch zusätzliche Angaben wie z. B. Flächennormale bestimmt werden. Die Position der Eckpunkte wird relativ zum lokalen Koordinatensystem des Objektes beschrieben.

Je nach verwendetem Datenformat können die Polygone wie im untenstehenden Beispiel Dreiecke oder Vielecke sein. Komplexe Körper können durch zusammengesetzte Polyeder dargestellt werden.

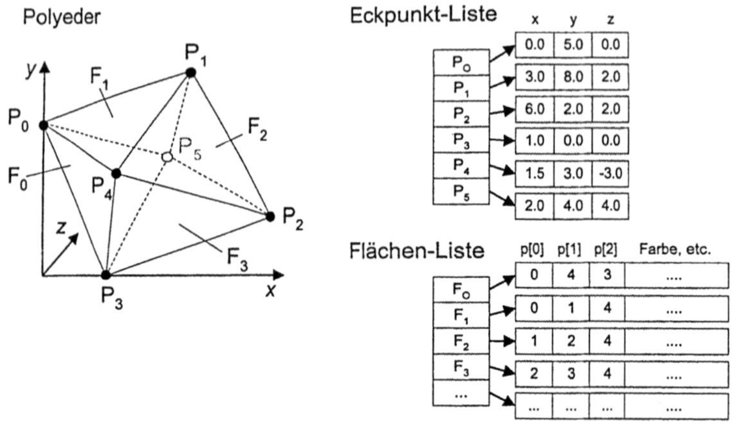

Bild 23: Repräsentation eines Polyeders

4.1.3 Spezifikation der Objektposition

Im dreidimensionalen Raum kann die Position und Orientierung eines Objektes durch sechs Koordinaten eindeutig festgelegt werden. Bei dieser als Frame-Konzept bekannten Methode wird in jedes Objekt ein lokales Koordinatensystem eingebettet und irgendwo im Raum ein globales Bezugskoordinatensystem definiert /46/. Unter der Position eines Objektes wird die Abbildung des dreidimensionalen Raums in sich selbst verstanden, die die Achsen des Bezugskoordinatensystems auf die entsprechenden Achsen des lokalen Koordinatensystems in dieser Position überführt. Die Transformation ergibt sich aus einem Produkt einer Rotation mit einer Translation. Allgemein wird die Geometrie G durch eine Transformation in eine Geometrie G′ abgebildet. Dabei geht die ursprüngliche Information über die Geometrie G verloren. Daher wird die Modellierung auf objektlokale Datenstrukturen (z. B. Modellierungsmatrix oder Vektoren für Rotation, Translation und Skalierung) angewendet und bleibt ohne verändernden Einfluß auf die Geometrie /11/. Durch die Separierung von Geometrie und Modellierung erfolgt zum Zeitpunkt der grafischen Darstellung eine temporäre Transformation der geometrischen Beschreibung.

Es sei O′ der Ursprung des lokalen Koordinatensystems und O der Ursprung des Weltkoordinatensystems des VR-Systems. Der Bezug zwischen den Koordinatensystemen kann durch den Vektor $\overline{OO'}$, bzw. die Transformationsmatrix $\mathbf{M_T}$, die O′ auf O überführt, angegeben werden. $\mathbf{M_T}$ ist eine 4 x 4 Positions- und Orientierungsmatrix. Durch Manipulation der Matrix $\mathbf{M_T}$ kann die Position und Orientierung des Körpers direkt manipuliert werden. Im Anhang A ist die Transformation von dreidimensionalen Objekten detailliert dargestellt.

4.2 Interaktion mit virtuellen Objekten

Die Interaktion mit Objekten in virtuellen Umgebungen sollte so intuitiv wie möglich ablaufen, um für den Benutzer die virtuelle Welt möglichst real erscheinen zu lassen. Virtuelle Welten sind keine exakte Kopien der realen Welt, da insbesondere die haptische Wahrnehmung durch den Mangel an leistungsfähigen Kraftrückkopplungsgeräten sehr stark eingeschränkt ist /20/, /48/. Nachfolgend soll ein Verfahren zur Interaktion mit virtuellen Objekten vorgestellt werden, das auf die in Kap. 4.1 beschriebenen Modelle zur Gestaltmodellierung in virtueller Realität aufbaut. Mit Hilfe nachstehender Vorgehensweise soll hierbei ein Weg aufgezeigt werden, intuitive Objektinteraktion zu ermöglichen, um den Benutzer bei Montageoperationen in einer virtuellen Welt zu unterstützen.

Die Montage von Objekten im virtuellen Raum erfolgt durch Benutzerinteraktionen. Um diese Interaktionen zu erfassen und sie für weitere Planungsschritte zu verwenden, werden die virtuellen Objekte, konform zu den MTM-Grundbewegungen /81/ (siehe hierzu auch Kap. 2.4.2), vom Benutzer

- gegriffen,
- bewegt,
- plaziert,
- gefügt und
- losgelassen.

Bei der Interaktion mit virtuellen Objekten sollen die Objekte wie folgt unterschieden werden:

Passive Objekte: *Objekte, die die räumliche Umgebung des Montageortes beschreiben und nicht unmittelbar für die Montage benötigt werden. Passive Elemente sind z. B. der Boden, Tischplatten, Wände oder ähnliche Beschränkungen.*

Aktive Elemente: *Alle Elemente, die unmittelbar zur Durchführung eines Montagevorgangs benötigt werden. Hierzu zählen Montageobjekte wie Baukomponenten, Montagemittel und Verbindungselemente.*

Der Begriff *Fügen* beschreibt im folgenden den Vorgang, während dessen eine Baukomponente an die endgültige Einbauposition bewegt wird. Unter *Plazieren* soll in dieser Arbeit das Ablegen von Baukomponenten auf passive Objekte verstanden werden.

4.2.1 Darstellung von virtuellen Montageobjekten

In virtuellen Geometriemodellen sind komplexe Produkte eine Ansammlung von Einzelteilen, die in keiner besonderen Beziehung zueinander stehen. Als simples Strukturierungsinstrument bieten die meisten CAD-Systeme die Möglichkeit, Elemente zu Gruppen zusammenzufassen. Baugruppenstrukturen werden im VR-System durch die Struktur der verwendeten Transformationsmatrizen zur Beschreibung der räumlichen Lage der Einzelteile abgebildet.

Montageobjekte werden durch ihre Geometrie sowie ihre Position, berechnet durch eine 4 x 4 Transformationsmatrix, beschrieben. Die Transformationsmatrix $\mathbf{M}_T$ ist in folgende drei Transformationsmatrizen gegliedert:

- $\mathbf{T}_{Obj}$ *Objekt Transformationsmatrix:*
  Dient zur Positionierung des Objektes und beschreibt die relative Transformation zwischen dem globalen Bezugskoordinatensystem des VR-Systems und dem lokalen Koordinatensystem des Montageobjektes.
- $\mathbf{T}_{Rel}$ *Relative Transformationsmatrix:*
  Um bei der Bewegung eines Objektes mittels eines Manipulators ein räumliches Versetzten des Objektes zu verhindern wird die relative Transformationsmatrix benötigt. Durch entsprechendes Besetzen dieser Matrix

wird die relative Position des Objektes zum Manipulator während einer Bewegung nicht verändert (siehe Kap. 4.2.2).

- $\mathbf{T}_{Sek}$ *Sekundäre Transformationsmatrix:*
  Beim Plazieren von Objekten oder Verbindungselementen auf Objekte, die aus unterschiedlichen Datenquellen stammen, wird die sekundäre Transformationsmatrix entsprechend der in Kap. 4.3.2 aufgezeigten Vorgehensweise besetzt, um die relative Position dieser Objekte zueinander korrekt darzustellen.

Die Transformationsmatrix $\mathbf{M}_T$ ergibt sich laut Bild 24 zu:

$$\mathbf{M}_T = \mathbf{T}_{Sek} \cdot \mathbf{T}_{Rel} \cdot \mathbf{T}_{Obj}. \qquad (1)$$

Für den Fall, daß $\mathbf{T}_{Rel}$ und $\mathbf{T}_{Sek}$ nicht benötigt werden, werden sie mit der Einheitsmatrix $\mathbf{E}$ besetzt.

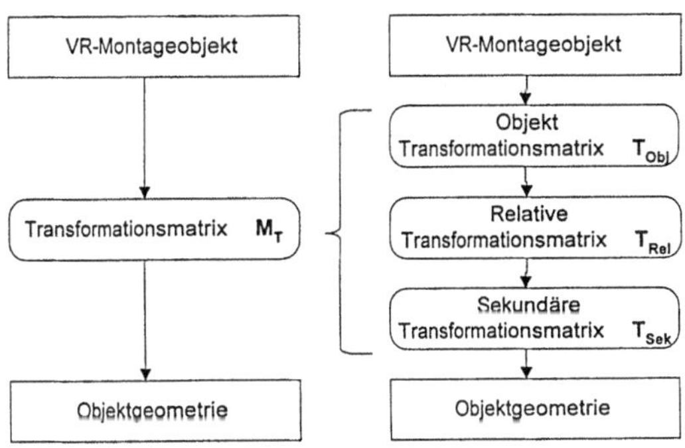

Bild 24: Struktur virtueller Montageobjekte

4.2.2 Greifen und Bewegen von Objekten in virtueller Realität

Objekte werden in der virtuellen Realität mittels eines Eingabegerätes bewegt. Dieses Eingabegerät kann im einfachsten Fall ein Keyboard, eine Maus oder ein Joystick sein. Anspruchsvollere Eingabegeräte sind SpaceBall, 3D-Maus, 3D-Joystick, Datenhandschuh oder elektromagnetische Positionsvorrichtungen, sogenannte Tracker. Durch Tracker kann die Bewegung des Benutzers aufgenommen und in die entsprechende virtuelle Bewegung transformiert werden. Die Koordinaten der Eingabegeräte werden erfaßt und in der virtuellen Welt als Manipulator, ähnlich dem Zeiger einer Maus in einem zweidimensionalen Fenster, repräsentiert. Die Form dieser Manipulatoren kann von einem einfachen dreidimensionalen Pfeil bis hin zur Repräsentation einer menschlichen Hand reichen.

Wenn dieser Manipulator in ein virtuelles Objekt eindringt oder dieses berührt, kann das Objekt gegriffen werden. Nachstehende Bedingungen sollten erfüllt werden, um ein realistisches Greifen zu ermöglichen:

(1) Das gegriffene Objekt sollte sich entlang der Bewegungskurve des Manipulators bewegen.

(2) Die relative Position zwischen dem Manipulator und dem gegriffene Objekt sollte sich während des Bewegungsvorgangs nicht verändern.

Um diese Bedingungen zu erfüllen, wird die Transformationsmatrix $\mathbf{T}_{Obj}$ des gegriffenen Objektes gleich der Transformationsmatrix des Manipulators $\mathbf{T}_{Man}$ gesetzt. Somit gelten für das Objekt dieselben Rotations- und Translationswerte wie für den Manipulator, Bedingung (1) ist somit erfüllt. Dies widerspricht jedoch Bedingung (2), da das Ersetzten der Objektmatrix zum Zeitpunkt des Greifens $\mathbf{T}_{Obj}$ durch die Transformationsmatrix $\mathbf{T}_{Man}$ des Manipulators einen Versatz des Objektes an eine andere Position im Raum bewirkt. Um diesen Versatz zu verhindern, wird zusätzlich die relative Transformationsmatrix $\mathbf{T}_{Rel}$ mit

$$\mathbf{T}_{Rel} = \mathbf{T}_{Obj} \cdot \mathbf{T}_{Man}^{-1} \qquad (2)$$

benötigt. Mit (1) und $\mathbf{T}_{Sek}$ durch die Einheitsmatrix ersetzt berechnet sich die komplette Transformationsmatrix $\mathbf{M}_T$ des Objektes nach dem Greifen zu

$$\mathbf{M}_T = (\mathbf{T}_{Obj} \cdot \mathbf{T}_{Man}^{-1})\, \mathbf{T}_{Man} = \mathbf{T}_{Obj}. \qquad (3)$$

D. h. die Transformationsmatrix, die auf das Objekt wirkt, entspricht der Matrix $\mathbf{T}_{Obj}$. Das Objekt behält seine relative Position im Raum bei, bewegt sich jedoch entlang der Bewegungskurve des Manipulators, ausgedrückt durch die Matrix $\mathbf{T}_{Man}$. In Bild 25 ist die Objektstruktur nach dem Greifen eines Objektes dargestellt. Die Translations- und Rotationskoordinaten des Eingabegerätes werden sowohl für die Positionierung des Manipulators als auch des Objektes verwendet.

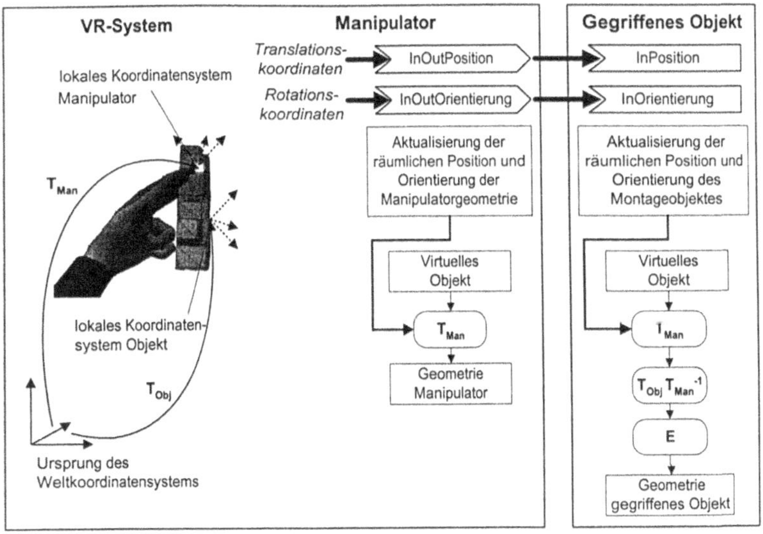

Bild 25: Objektstruktur nach dem Greifen eines Objektes

4.2.3 Plazieren von Montageobjekten

Neben dem Fügen von aktiven Montageobjekten ist eine weitere Voraussetzung für die Montage das Plazieren von aktiven Elementen auf passive Elemente wie z. B. das Ablegen eines Objektes auf einer Tischplatte oder dem Boden. Für diese Art des Plazierens gibt es verschiedene Ansätze. BUCK, GREBNER und KATTERFELDT /20/ beschreiben das sogenannte *Gummibandverfahren*, bei dem der Bezug zwischen den zu plazierenden Objekten mittels eines virtuellen Gummibandes hergestellt wird. Auf jeder der Flächen, die aneinander ausgerichtet werden sollen, wird ein Punkt markiert und zwischen diesen Punkten ein virtuelles Gummiband gespannt. Sobald der Benutzer die Aktion *Plazieren* auslöst, springt das bewegliche Objekt an die neue Position, die markierten Punkte fallen zusammen.

Eine weitere Möglichkeit Objekte zu plazieren wird ebenfalls in /20/ beschrieben. Beim Plazieren werden folgende Phasen unterschieden:

(1) Das zu plazierende Objekt berührt das passive Objekt nicht.

(2) Das zu plazierende Objekt berührt das passive Objekt in einem Punkt.

(3) Das zu plazierende Objekt berührt das passive Objekt mit einer Kante.

(4) Das zu plazierende Objekt berührt das passive Objekt mit einer Fläche.

In jeder Phase werden die Freiheitsgrade zwischen den beiden Objekten wie folgt eingeschränkt:

(1) Alle Translationen und Rotationen sind erlaubt.

(2) Translationen parallel zur Oberfläche des passiven Objektes und Rotation um den Berührungspunkt sind erlaubt.

(3) Translationen parallel zur Oberfläche des passiven Objektes und Rotation der Berührungskante um die Flächennormale des passiven Objektes sind erlaubt.

(4) Translationen parallel zur Oberfläche des passiven Objektes und Rotation um die Flächennormale des passiven Objektes sind erlaubt.

Beide beschriebenen Methoden eignen sich für einfache, quaderförmige Körper und nur eingeschränkt für komplexe Objekte. Um komplexe Objekte plazieren zu können, wurde im Rahmen dieser Arbeit folgender Algorithmus entwickelt:

1. Die konvexe Hülle des aktiven Objektes wird berechnet. Zur Berechnung existieren verschiedene Möglichkeiten, wobei hier der Quickhull-Algorithmus /4/ zur Berechnung angewendet wird.

2. Diejenige Fläche der konvexen Hülle, die der Oberfläche des passiven Elements am nächsten liegt, wird bestimmt.

3. Die Transformationsmatrix $\mathbf{T}_{OP}$, die diese Fläche auf die Oberfläche des passiven Elements transformiert, wird berechnet und auf das aktive Objekt angewandt.

Da die konvexe Hülle betrachtet wird, ist die dem passiven Element am nächsten liegende Fläche diejenige, deren Normalenvektor $\mathbf{F}_n$ am nächsten an $-\mathbf{P}_n$ liegt. $\mathbf{P}_n$ ist der Normalenvektor der passiven Fläche.

In Bild 26 ist dieser Zusammenhang an einem Beispiel dargestellt. Das Objekt O soll auf die passive Fläche P plaziert werden.

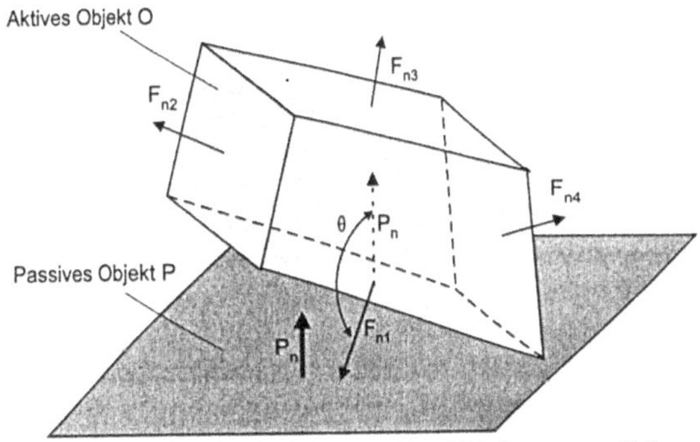

Bild 26: Bestimmung der dem passiven Objekt am nächsten liegenden Fläche

Die Fläche Nr. 3 ist am weitesten von der passiven Fläche entfernt. Der Normalenvektor ist nahezu parallel zu $\mathbf{P_n}$, Fläche Nr. 1 liegt am nächsten an der passiven Fläche, der Winkel zwischen $\mathbf{F_{n1}}$ und $\mathbf{P_n}$ ist im Vergleich zu den Winkeln mit den Normalenvektoren der Flächen 2 bis 4 am größten. Dieser Winkel θ kann wie folgt berechnet werden:

$$\theta = arcos\left(\frac{\mathbf{F_n P_n}}{|\mathbf{F_n}||\mathbf{P_n}|}\right) \qquad (4)$$

Die Kalkulation der Transformationsmatrix $\mathbf{T_{OP}}$ erfolgt in zwei Schritten. Im ersten Schritt wird die Matrix $\mathbf{T_{OP\text{-}R}}$ berechnet, die den Normalenvektor $\mathbf{F_{n1}}$ auf den Vektor $\mathbf{-P_n}$ rotiert. Nach Anwendung dieser Transformation liegt die Fläche F_1 parallel zur Fläche P. Nebeneffekt dieser Rotation ist eine Translation des Objektes in x und y Richtung. Um diese Verschiebung auszugleichen, werden die x und y Koordinaten des Schwerpunktes von O vor und nach der Rotation berechnet. Im zweiten Schritt wird die Translationsmatrix $\mathbf{T_{OP\text{-}T}}$ berechnet, die die Fläche F auf die Fläche P transformiert. Diese Matrix $\mathbf{T_{OP\text{-}T}}$ beinhaltet ebenfalls x und y Koordinaten. Bei deren Berechnung wird die Schwerpunktverschiebung durch die Rotation berücksichtigt. Nach Anwendung von $\mathbf{T_{OP\text{-}R}}$ und $\mathbf{T_{OP\text{-}T}}$ auf Objekt O liegt dieses geometrisch korrekt auf der Fläche P.

4.2.4 Referenzpunkte

Aus der Repräsentation der Geometrieinformationen läßt sich dem Geometriemodell keine Zusatzinformation an geometrisch exakt vorgegebenen Punkten zuordnen, da das Geometriemodell nur eine Approximation der eigentlichen Bauteilgeometrie darstellt. Beispiel für solch eine Zusatzinformation ist der Hinweis, an welcher Stelle Bauteile verschraubt werden sollen. Die Zuordnung montagespezifischer Informationen zum Geometriemodell erfolgt im Rahmen dieser Arbeit über sogenannte Referenzpunkte. Referenzpunkte werden durch Interaktion mit den Bauteilen vom Benutzer festgelegt oder können vom System berechnet werden. Referenzpunkte werden in diesem Zusammenhang wie folgt definiert:

Referenzpunkt: *Ein Referenzpunkt ist eine zusätzliche Geometrieinformation, die zur Identifizierung von montagespezifischen Bauteileigenschaften dient. Referenzpunkte werden durch Benutzerinteraktion erzeugt oder automatisch vom System berechnet. Zusätzliche Informationen, die z. B. eine bestimmte Bauteilverbindung beschreiben, können durch die Referenzpunkte der Bauteilgeometrie zugeordnet werden.*

Mittels des verwendeten Eingabegerätes kann der Benutzer jeden im Polyeder-Geometriemodell vorhandenen Geometriepunkt als Referenzpunkt definieren. Falls der Referenzpunkt keiner der Eckpunkte des Teiles ist, können Referenzpunkte über die Auswahl zweier Hilfspunkte p_1 und p_2 und eines Skalierungsfaktors α bestimmt werden (Bild 27).

Dieser Referenzpunkt p wird wie folgt berechnet:

$$\bar{p} = \bar{p}_1 + \alpha(\bar{p}_2 - \bar{p}_1), \qquad (5)$$

α ist ein beliebiger Wert zwischen 0 und 1. Üblicherweise werden Referenzpunkte zur Definition von Verbindungseigenschaften wie z. B. Durchgangslöcher für Schrauben eingesetzt.

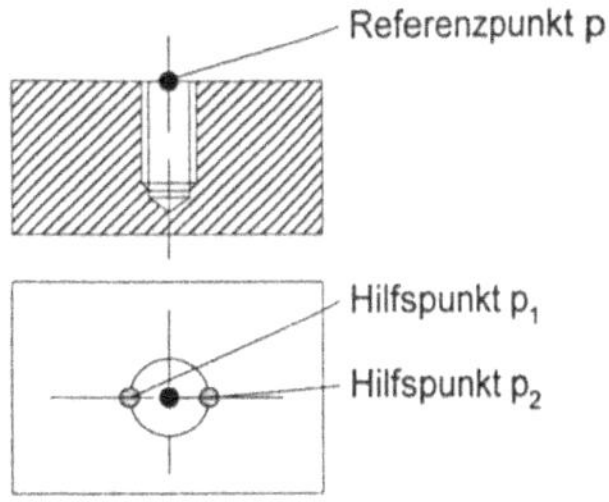

Bild 27: Referenz- und Hilfspunkte

4.3 Durchführung von Bauteilverbindungen

Bauteilverbindungen können durch Bauteileigenschaften, Verbindungselemente und durch integrale Elemente hergestellt werden.

4.3.1 Bauteilverbindungen durch Bauteileigenschaften

Bauteilverbindungen, die durch Bauteileigenschaften wie z. B. Lage oder Toleranz bestimmt sind, können durch einen Fügevorgang realisiert werden. Bauteilverbindungen, die durch Verbindungselemente bewirkt werden, enthalten einen Fügevorgang sowie einen anschließenden Vorgang, bei dem das Verbindungselement positioniert und ggf. mittels eines Montagemittels fixiert wird.

Bei der Datenübertragung zwischen dem verwendeten CAD-System und dem VR-System werden die Geometrien der Baukomponenten eines Produktes im zusammengebauten Zustand übertragen und im VR-System als Polyeder dargestellt. Dadurch besitzen alle zu einem Zusammenbau gehörenden Körper dasselbe lokale Koordinatensystem. Lediglich die Position der einzelnen Körper relativ zum lokalen Koordinatensystem ist unterschiedlich. In der zusammengebauten Position wirkt deshalb auf jeden Körper dieselbe Transformationsmatrix.

Beim Fügen einer Baukomponente an die korrekte Einbauposition bzw. die geometrische Repräsentation derselben, wird diesem Umstand Rechnung getragen. Durch einen Vergleich der Transformationsmatrizen eines gegriffenen

Objektes mit dem zu plazierenden Objekt kann die korrekte Einbauposition festgestellt werden. Ein Objekt ist korrekt plaziert wenn gilt:

$$\mathbf{M}_T = \mathbf{M}_T' \cdot \mathbf{M}_{Toleranz}, \tag{6}$$

wobei $\mathbf{M}_T'$ die korrekte Einbauposition beschreibt und $\mathbf{M}_{Toleranz}$ die Werte der Einbautoleranz enthält. Über die Definition einer Entfernungs- bzw. Orientierungstoleranz kann für jedes Bauteil eine Einbautoleranz definiert werden. Befindet sich das gegriffene Objekt O innerhalb dieser Einbautoleranz wird es vom System automatisch korrekt plaziert.

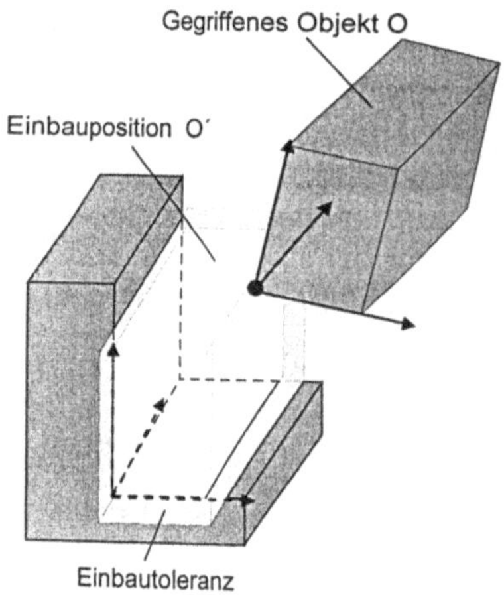

Bild 28: Fügen durch Definition einer Einbautoleranz

Die Einbautoleranz kann ebenso für das Demontieren einer Baukomponente angewendet werden. Bewegt sich der Manipulator mit dem gegriffenen Objekt außerhalb der Einbautoleranz, wird das Objekt von der gefügten Position gelöst und kann z. B. auf einem passiven Objekt abgelegt werden.

Die Objektstruktur nach dem Fügen eines Anbauteils (mit *Anbau* indiziert) an ein Basisteil (mit *Basis* indiziert) ist in Bild 29 dargestellt. Vor dem Fügen wirkt auf das Basisteil die Gesamttransformationsmatrix

$$\mathbf{M}_{T\text{-}Basis} = \mathbf{T}_{Sek\text{-}Basis} \cdot \mathbf{T}_{Rel\text{-}Basis} \cdot \mathbf{T}_{Obj\text{-}Basis} \tag{7}$$

sowie auf das Anbauteil entsprechend die Gesamttransformationsmatrix

$$\mathbf{M}_{\text{T-Anbau}} = \mathbf{T}_{\text{Sek-Anbau}} \cdot \mathbf{T}_{\text{Rel-Anbau}} \cdot \mathbf{T}_{\text{Obj-Anbau}}. \qquad (8)$$

Nach Plazieren des Anbauteils wird die sekundäre Transformationsmatrix $\mathbf{T}_{\text{Sek-Anbau}}$ durch

$$\mathbf{T}_{\text{Sek-Anbau}} = \mathbf{T}_{\text{Obj-Anbau}} \cdot \mathbf{T}_{\text{Obj-Basis}}^{-1} \qquad (9)$$

ersetzt. Somit wirkt auf das Anbauteil nun die Matrix

$$\mathbf{M}_{\text{T-Anbau}} = (\mathbf{T}_{\text{Obj-Anbau}} \cdot \mathbf{T}_{\text{Obj-Basis}}^{-1}) \cdot \mathbf{T}_{\text{Obj-Basis}}. \qquad (10)$$

Durch Wertänderung der Matrix $\mathbf{T}_{\text{Obj-Basis}}$ entsprechend der Vorgehensweise im Kap. 4.2.2 können nun beide Objekte bewegt werden, wobei sich deren relative Position im Raum nicht verändert.

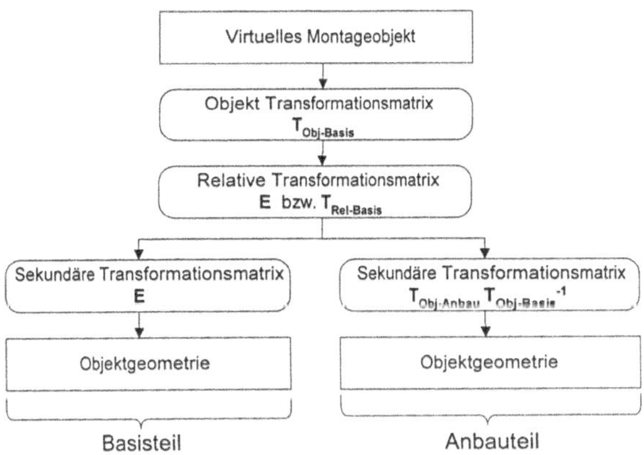

Bild 29: Objektstruktur nach dem Fügen des Anbauteils

4.3.2 Bauteilverbindungen durch Verwendung von Verbindungselementen

Bauteilverbindungen können durch Verwendung von Verbindungselementen zur Herstellung von lösbaren Verbindungen erstellt werden. Um diese Bauteilverbindungen in VR abzubilden, werden die Geometrien der benötigten Verbindungselemente im System mit entsprechenden Referenzpunkten abgebildet. Die Geometrie der Verbindungselemente wird nicht im gleichen System wie die Geometrie der Baukomponenten erzeugt, sondern liegt z. B. als Datenbank für Verbindungselemente im System vor. Daher verwendet ein Verbindungselement ein anderes lokales Koordinatensystem als eine Baukomponente. Die räumliche Position eines Verbindungselements (mit *Ve* indiziert) wird über die Transformationsmatrix $\mathbf{M}_{T\text{-}Ve}$ bestimmt, die den Bezug zwischen dem körpereigenen Koordinatensystem und dem Bezugskoordinatensystem des VR-Systems herstellt. Die Matrix $\mathbf{M}_{T\text{-}Ve}$ setzt sich entsprechend aus den Matrizen $\mathbf{T}_{Obj\text{-}Ve}$, $\mathbf{T}_{Rel\text{-}Ve}$ und $\mathbf{T}_{Sek\text{-}Ve}$ zusammen.

Das Plazieren eines Verbindungselements soll anhand des Beispiels in Bild 30 erläutert werden.

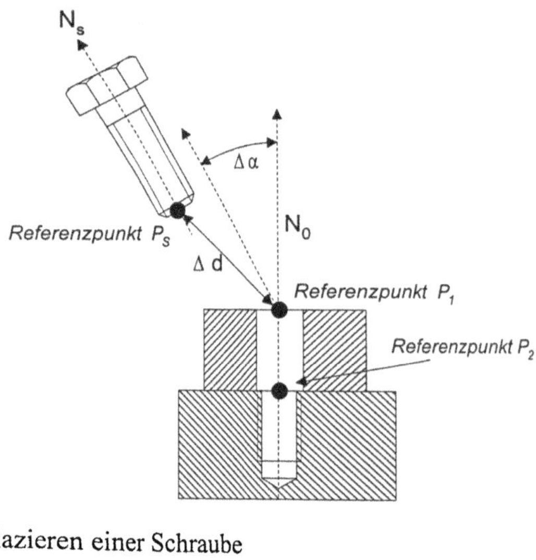

Bild 30: Plazieren einer Schraube

Die Schraube ist korrekt an der Verbindungsstelle plaziert, wenn der Punkt P_s mit dem Referenzpunkt P_1 übereinstimmt. Das Verbindungselement wird an die Angriffsstelle plaziert, wenn die Entfernung Δd zwischen den Punkten P_S und P_1 einen definierten Abstand d_{min} unterschreitet. Zusätzlich soll der Winkel $\Delta\alpha$ zwischen den Normalenvektoren $\mathbf{N_O}$ und $\mathbf{N_S}$ einen Minimalwinkel α_{min} aufweisen. Es gilt:

$$\Delta d < d_{min} \text{ und } \Delta\alpha < \alpha_{min} \text{ mit} \qquad (11)$$

$$\Delta d = |P_O - P_S| \text{ und } \Delta\alpha = (\mathbf{N_O}, \mathbf{N_S}), \qquad (12)$$

wobei $\Delta\alpha$ wie folgt berechnet wird:

$$\Delta\alpha = arccos\left(\frac{\mathbf{N_o N_s}}{|\mathbf{N_o}||\mathbf{N_s}|}\right), \qquad (13)$$

$$\Delta\alpha = arccos\left(\frac{n_{Ox}n_{Sx} + n_{Oy}n_{Sy} + n_{Oz}n_{Sz}}{\sqrt{n_{Ox}^2 + n_{Oy}^2 + n_{Oz}^2}\sqrt{n_{Sx}^2 + n_{Sy}^2 + n_{Sz}^2}}\right). \qquad (14)$$

Nach Plazieren des Verbindungselements muß sichergestellt werden, daß sich beim Bewegen der Baukomponenten das Verbindungselement relativ zu deren Bewegung mitbewegt. Da die Transformationsmatrix $\mathbf{M_{T\text{-}Ve}}$ nicht der Transformationsmatrix $\mathbf{T_{Obj\text{-}Basis}}$ der Baukomponenten entspricht, wird für das Verbindungselement die Matrix $\mathbf{T_{Sek\text{-}Ve}}$ wie folgt berechnet. Es sei U die Ursprungsposition, A die aktuelle Position und E die Einbauposition des Verbindungselements. $\mathbf{T_{UA\text{-}Ve}}$ beschreibt die Transformationsmatrix, die aktuell auf die Geometrie des Verbindungselements wirkt, d.h. die Matrix, die das Verbindungselement von der Ursprungsposition zur aktuellen Position transformiert. Mit $\mathbf{T_{AE\text{-}Ve}}$ wird die Matrix bezeichnet, die eine Transformation von der Position A nach E bewirkt. Die Matrix $\mathbf{T_{Sek\text{-}Ve}}$ ergibt sich nun zu:

$$\mathbf{T_{Sek\text{-}Ve}} = \mathbf{T_{UA\text{-}Ve}} \cdot \mathbf{T_{AE\text{-}Ve}} \cdot \mathbf{T_{Obj\text{-}Basis}}^{-1}. \qquad (15)$$

Mit $\mathbf{M_{T\text{-}Ve}} = \mathbf{T_{Sek\text{-}Ve}} \cdot \mathbf{T_{Rel\text{-}Ve}} \cdot \mathbf{T_{Obj\text{-}Ve}}$ und $\mathbf{T_{Rel\text{-}Ve}}$ durch die Einheitsmatrix ersetzt ergibt sich:

$$\begin{aligned} \mathbf{M_{T\text{-}Ve}} &= (\mathbf{T_{UA\text{-}Ve}} \cdot \mathbf{T_{AE\text{-}Ve}} \cdot \mathbf{T_{Obj\text{-}Basis}}^{-1}) \cdot \mathbf{T_{Obj\text{-}Basis}} \\ &= \mathbf{T_{UA\text{-}Ve}} \cdot \mathbf{T_{AE\text{-}Ve}} \\ &= \mathbf{T_{UE\text{-}Ve}}. \end{aligned} \qquad (16)$$

Die Werte der Matrix $\mathbf{T_{UA\text{-}Ve}}$ sind bekannt, da hier die aktuelle Position des Verbindungselements beschrieben wird. Matrix $\mathbf{T_{AE\text{-}Ve}}$ bewirkt eine Transformation von der aktuellen Position auf die Einbauposition. Die Matrix $\mathbf{T_{AE\text{-}Ve}}$ wird in zwei Schritten berechnet. Zuerst wird die Matrix $\mathbf{T_{R\text{-}Ve}}$ berechnet, die die Achse $\mathbf{N_S}$ auf $\mathbf{N_O}$ transformiert. Angewandt auf das Verbindungselement würde es von A an eine Zwischenposition Z transformiert werden, an der die Längsachse des Verbindungselements mit den Referenzpunkten ausgerichtet ist. Punkt P_S würde entsprechend an die Stelle P_Z transformiert. Durch eine Translation kann nun das Verbindungselement an die Einbauposition überführt werden. Der Translationsvektor $\mathbf{T}_{\mathbf{ZE\text{-}Ve}}$ berechnet sich zu:

$$\mathbf{T}_{\mathbf{ZE\text{-}Ve}} = (P_{1x}-P_{Zx}) \cdot \mathbf{i} + (P_{1y}-P_{Zy}) \cdot \mathbf{j} + (P_{1z}-P_{Zz}) \cdot \mathbf{k} \tag{17}$$

wobei (P_{1x}, P_{1y}, P_{1z}) und (P_{Zx}, P_{Zy}, P_{Zz}) entsprechend die Koordinaten der Punkte P_1 und P_Z und **i**, **j**, **k** die Einheitsvektoren der Achsen x, y, z darstellen. Mit $\mathbf{T}_{\mathbf{T\text{-}Ve}}$ als korrespondierender Translationsmatrix zum Vektor $\mathbf{T}_{\mathbf{ZE\text{-}Ve}}$ ergibt sich $\mathbf{T}_{\mathbf{AE\text{-}Ve}}$ zu

$$\mathbf{T}_{\mathbf{AE\text{-}Ve}} = \mathbf{T}_{\mathbf{R\text{-}Ve}} \cdot \mathbf{T}_{\mathbf{T\text{-}Ve}}. \tag{18}$$

Die Objektstruktur nach dem Plazieren eines Verbindungselements ist in Bild 31 dargestellt. Über eine Wertänderung der Matrix $\mathbf{T}_{\mathbf{Obj\text{-}Basis}}$ kann nun eine Bewegung der Bauteilverbindung erfolgen.

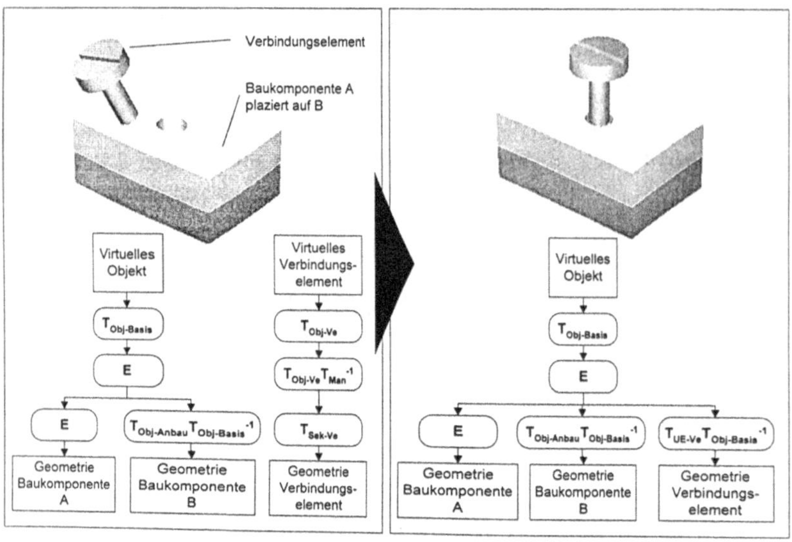

Bild 31: Objektstruktur beim Plazieren eines Verbindungselements

4.3.3 Abbildung von Montagemitteln

Bauteilverbindungen, die durch Verbindungselemente wie z. B. Schrauben oder Nieten hergestellt werden, benötigen Montagemittel zur Herstellung der Verbindung.

Montagemittel werden durch ein Abbild ihrer Geometrie im virtuellen Raum modelliert (Bild 32). Die Montagemittel können aufgrund ihrer unterschiedlichen räumlichen Funktion wie folgt definiert werden:

Kategorie 1: Montagemittel, die zur Durchführung der Montageaufgabe bzw. Verbindung das beteiligte Bauteil an einem oder mehreren Punkten berühren müssen. Die räumliche Ausrichtung des Montagemittels bzgl. des Angriffspunktes ist für die korrekte Durchführung der Montageaufgabe von geringer Bedeutung. Beispiel für Montagemittel der Kategorie 1 sind Hammer, Zange, Schweißbrenner, Lötpistolen und Auftragegeräte für Klebstoffe.

Kategorie 2: Montagemittel müssen die Verbindungsstelle berühren und relativ zur Verbindungsstelle axial ausgerichtet sein. Beispiele hierfür sind Drehschrauber sowie Stab- und Pistolenschrauber.

Kategorie 3: Die Ausrichtung des Montagemittels erfolgt senkrecht zu dessen Wirkebene. Diese Montagemittel zeichnen sich in der Regel zusätzlich durch einen notwendigen Raumbedarf zur Durchführung einer Verbindung aus. So muß z. B. für Gabel- und Ringschlüssel gewährleistet sein, daß sie um ± 30^0 (bzw. ± 15^0 beim Umfassen des Werkzeuges) um die Verbindungsstelle bewegt werden können.

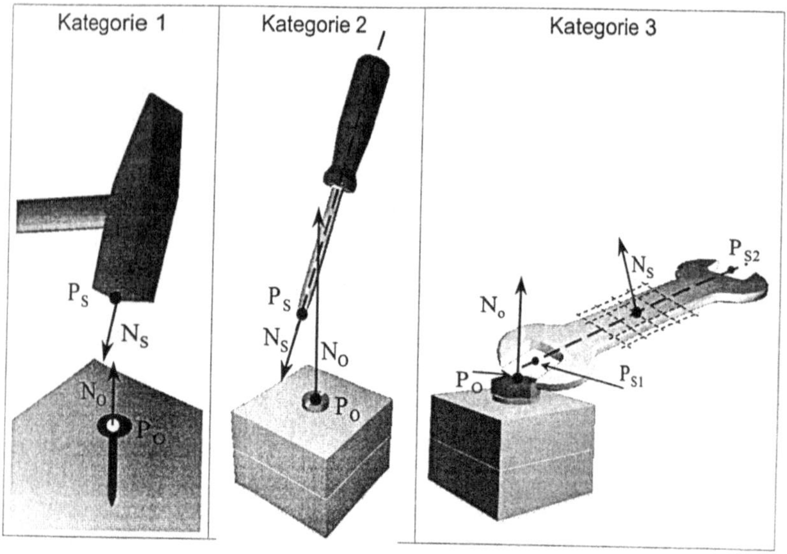

Bild 32: Modellierung von Montagemittel

Der Angriffspunkt des Werkzeuges an ein Verbindungselement ist mit dem Referenzpunkt P_{Sn} definiert, der Angriffspunkt an der Verbindung mit dem Punkt P_0. Werkzeuge der Kategorie 2 und 3 besitzen einen Normalenvektor $\mathbf{N_S}$, der bei Werkzeugen der Kategorie 2 parallel zur Werkzeugachse ausgerichtet ist und bei Werkzeugen der Kategorie 3 senkrecht auf deren Wirkebene steht. Ein Werkzeug wird an die Angriffsstelle plaziert, wenn die Entfernung Δd zwischen den Punkten P_S und P_0 einen definierten Abstand d_{min} unterschreitet. Bei den Kategorien 2 und 3 erfolgt das Plazieren, wenn zusätzlich der Winkel $\Delta\alpha$ zwischen den Normalenvektoren $\mathbf{N_O}$ und $\mathbf{N_S}$ einen Minimalwinkel α_{min} aufweist. Die Berechnung erfolgt analog zum Plazieren von Verbindungselementen (Kap. 4.3.2).

5 Auswertung der interaktiven Montagetätigkeiten

Gegenstand des Kapitels sind die im Rahmen der Arbeit entwickelten Verfahren, die die in der virtuellen Realität durchgeführten interaktiven Montageoperationen für weitere Planungsschritte auswerten und aufbereiten. Basierend auf logische Zusammenhänge zwischen den erfaßten Benutzerinteraktionen werden diese zu aufeinanderfolgenden Montagevorgängen aggregiert und der Montageablauf für den Benutzer in Form eines Vorranggraphen dokumentiert.

Zur Ermittlung der Montagezeiten virtueller Montageoperationen wird im folgenden das im Rahmen dieser Arbeit entwickelte Verfahren vorgestellt, das, basierend auf die Systeme vorbestimmter Zeiten, die Berechnung von Montagezeiten mit Hilfe der im VR-System ermittelten Benutzerinteraktionen ermöglicht.

5.1 Planzeitermittlung basierend auf Benutzerinteraktionen

Die Methodik zur Auswertung der interaktiven Benutzerinteraktionen in Form von Planzeiten basiert auf den in Kapitel 2.4 diskutierten Methoden vorbestimmter Zeiten. Die Benutzerinteraktionen werden erfaßt und mittels der im folgenden beschriebenen Vorgehensweise zu Montagevorgängen aggregiert.

Die Arbeit innerhalb eines Montageabschnittes besteht aus mehreren Montagevorgängen, die jeweils einen zusammenhängenden Arbeitsinhalt umfassen, der in der Regel von einem Montagemitarbeiter ausgeführt werden kann. Die Montagevorgänge lassen sich wiederum in abgeschlossene Teilverrichtungen aufteilen, die die einzelnen Montagetätigkeiten darstellen. Eine weitere Unterteilung der Montagetätigkeiten führt zu Vorgangselementen. Solche Vorgangselemente entsprechen den MTM-Bewegungselementen wie Greifen, Bringen und Fügen von Bauteilen.

Die von der virtuellen Realität zur Verfügung gestellten Informationen über Benutzerinteraktionen entsprechen den MTM-Grundbewegungselementen. Die hier vorgestellte Methode aggregiert diese Grundbewegungselemente zu sinnvollen Planungseinheiten, für die eine Montagezeit bestimmt werden kann.

Entsprechend der Darstellung in Bild 33 sollen in den folgenden Kapiteln die einzelnen Schritte zur Ermittlung der Planzeiten und zur Aggregation und Darstellung der Montagevorgänge beschrieben werden.

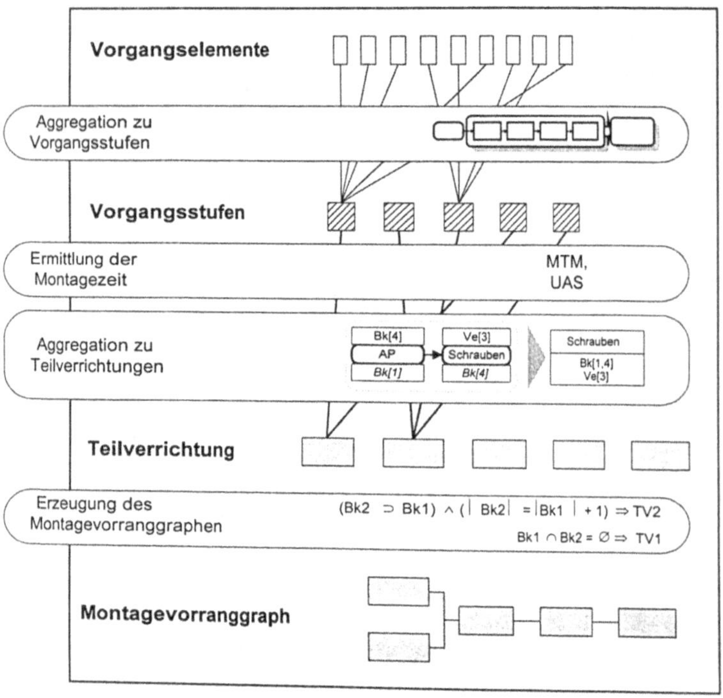

Bild 33: Montagezeitermittlung und Aggregationsschritte

5.1.1 Auswahl eines Verfahrens vorbestimmter Zeiten zur Planzeitermittlung

Für die Zeitermittlung von Montagevorgängen bieten sich nach MTM /81/ vier Methoden an, die durch ihre unterschiedlichen Methodenniveaus bei der Anwendung gekennzeichnet sind. Hinsichtlich der Größe von Zeitbausteinen der jeweiligen MTM-Verfahren ergibt sich eine Spannbreite, die von einer detaillierten Angabe der Zeitanteile einer Bewegungsfolge, wie z. B. bei der Zeitanalyse mit dem MTM-Grundverfahren, bis hin zu sehr groben Zeitwerten der Grundvorgänge, wie beim MEK-Verfahren, reicht. Der Detaillierungsgrad der Analyse bestimmt die Genauigkeit der Ergebnisse und die Analysiergeschwindigkeit. So kann für unterschiedliche industrielle Einsatzgebiete immer ein jeweils angemessener Analyseaufwand gewährleistet werden (Bild 34).

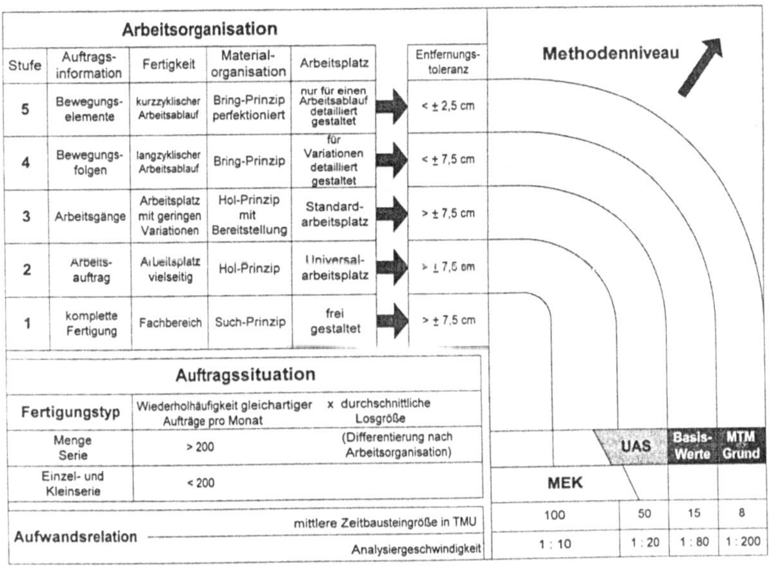

Bild 34: Übersicht über MTM-Analysiersysteme und betriebliche Kriterien zur Auswahl eines Systems (nach /9/)

Für die Auswahl eines Systems zur Zeitbestimmung in VR sind, neben der Höhe des Methodenniveaus noch andere Kriterien zu beachten, da die unterschiedlichen MTM-Analysiersysteme unterschiedliche zu beachtende Einflußgrößen bei der Ermittlung der vorbestimmten Zeit fordern. In Tabelle 4 sind die einzelnen MTM-Methoden und die Bewegungselemente in Abhängigkeit der Einflußgrößen gegenübergestellt. Dabei wird die Umsetzbarkeit der Einflußgrößen in der virtuellen Realität angegeben.

Eine Einflußgröße gilt als umsetzbar, wenn sie durch Berechnungen oder logische Verknüpfungen der gegebenen Daten aus den VR-Interaktionen ermittelt werden kann. Als Beispiel ist die Bewegungslänge zu erwähnen, die aufgrund des in VR zurückgelegten Bewegungspfades berechnet werden kann.

Als nicht umsetzbar gelten Einflußgrößen, wenn sie nicht durch logische Aussagen dargestellt werden können. Ein typisches Beispiel für solche Einflußgrößen ist die Unterscheidung der Bewegungsfälle zwischen einem ungefähren und einem genauen Bringen. Wann ein Gegenstand ungefähr oder genau an einem bestimmten Ort gebracht wird, kann aus der VR-Interaktion nicht direkt ermittelt werden. Einflußgrößen, die für die Umsetzung bedingt geeignet sind, werden indirekt bestimmt, z. B. durch eine Berechnung des Bauteilgewichtes mit Hilfe von Geometriedaten des Bauteils.

		Bewegungslänge	Drehwinkel	Bewegungsfälle	Bewegungstyp	Form/Abmessung	Gewicht	Kraftaufwand	Passungsklasse	Symmetrie/Sperrigkeit	Handhabung	Grundverfahren	Standardwerte	UAS	MEK
		Einflußgrößen										Verfahren			
In VR umsetzbar		●	●	○	○	●	◑	○	○	◑	○	○	◑	●	●
Grundbewegungen	R (Hinlangen)	●	○	●	●	●	○	○	○	○	○	●	○	○	○
	G (Greifen)	●	○	●	○	○	○	○	○	○	○	●	○	○	○
	M (Bringen)	●	○	●	●	●	●	●	○	○	○	●	○	○	○
	P (Fügen)	○	○	●	○	○	○	○	●	●	○	●	○	○	○
	RL (Loslassen)	○	○	●	○	○	○	○	○	○	○	●	○	○	○
	D (Trennen)	○	○	●	○	○	○	○	●	○	○	●	●	○	○
	T (Drehen)	○	●	○	○	○	○	●	○	○	○	●	●	○	○
Grundvorgänge	AF (Aufnehmen)	●	○	○	○	●	○	○	○	○	●	○	●	○	○
	AP (Aufn. u. Plazieren)	●	○	○	○	●	●	○	●	○	●	○	○	●	●
	PZ (Plazieren)	●	○	○	○	●	○	○	●	○	●	○	●	●	●
	B (Betätigen)	●	○	○	○	○	○	○	○	○	○	○	○	●	●
	BZ (Bewegungszyklus)	●	○	○	○	●	○	○	○	○	○	○	○	●	●
	KB (Körperbewegung)	●	○	○	○	○	○	○	○	○	○	●	●	●	●
	HH (Hilfsmittel-Handh.)	●	○	○	○	●	○	○	○	●	○	○	○	●	●

Legende: ● trifft zu ◑ trifft bedingt zu ○ trifft nicht zu

Tabelle 4: Einflußgrößen der MTM-Methoden und ihre VR-Relevanz

Die Umsetzbarkeit der Einflußgrößen für die virtuelle Zeitermittlung ist ein wichtiges Kriterium für die Auswahl einer Methode zur Planzeitermittlung nach MTM. Das Verfahren des MTM-UAS und das MEK-Datensystem erfüllen diese Anforderung, da sie aus gleichen Bewegungsvorgängen konstruiert wurden und zumeist dieselben für die Ermittlung der VR-Montagezeit relevanten Einflußgrößen haben (Tabelle 4). Gegenuber dem MTM-Grundverfahren können die Zeiten der Bewegungsvorgänge des UAS- und MEK-Verfahrens anhand weniger Einflußgrößen bestimmt werden. Die Zeiten der Grundvorgänge wie Aufnehmen und Plazieren, Plazieren usw. werden durch die Bewegungslänge eindeutig festgelegt.

Die Zeitermittlungsmethode soll Planzeiten der jeweiligen Montagealternative wiedergeben. Speziell soll die Betrachtung der Zeiten von Fügeoperationen gegeben sein. Das UAS-Datensystem erfüllt diese Voraussetzungen, da die Aufbaustufen des UAS-Datensystems eine Reihe von Montageoperationen wie Schrauben zur Verfügung stellen.

Damit die Ermittlung der Planzeiten in Anlehnung an das UAS-Datensystem im VR-Montageplanungssystem möglich ist, sind Informationen notwendig, die vom VR-Montageplanungssystem bereitgestellt werden. Die bereitgestellten Informationen bilden die Schnittstelle zwischen der Zeitermittlung und dem VR-System. Vordefinierte Ablaufregeln, die zur Verdichtung und Bestimmung zusammenhängender Tätigkeitsabläufe beitragen, können zur Zuordnung von UAS-Zeitbausteinen herangezogen werden.

5.1.2 Vorrangbeziehungen zwischen Montagevorgängen

Notwendig für die Durchführung von Montagetätigkeiten ist die Ausführung bestimmter, voneinander abhängiger Montagevorgänge. Diese Abhängigkeit von Montagevorgängen kann durch Vorrangbeziehungen beschrieben werden.

Diese Vorrangbeziehungen, die in der Form *Muß-Vorausgehen* u. a. von DE FAZIO und WITHNEY /33/, /34/ zur Planung von Montagevorgängen vorgeschlagen werden, sollen im Rahmen dieser Arbeit als Montagevorgang definiert werden, der unmittelbar einem anderen Montagevorgang vorausgeht. Als Beschreibungsform wird folgendes Kurzzeichen eingeführt:

- *Muß unmittelbar vorausgehen*: muv.

Die Vorrangbeziehung muv beschreibt einzelne Montagevorgänge und Bewegungselemente, die zeitlich nicht trennbar sind. Beispielsweise muß dem Vorgang „Greifen“ eines Bauteils unmittelbar der Vorgang „Hinlangen“ vorausgehen.

5.2 Methode zur Aggregation elementarer VR-Bewegungen zu UAS-Informationen

UAS-Informationen sind Zeitabschnitte von Grundvorgängen, die aus Bewegungselementen des MTM-Grundverfahrens zusammengefaßt sind, wobei die Abhängigkeit der Grundvorgänge der UAS-Bewegungen von den Einflußgrößen stark eingeschränkt und vereinfacht wird. Dadurch, daß die Arm- und Handbewegungen in der VR-Montage den Grundbewegungen des MTM entsprechen, können diese ebenfalls zu UAS-Grundvorgängen in Abhängigkeit von Einflußgrößen abgebildet und durch Ausdrücke der UAS-Grundbewegungen dargestellt werden.

Im UAS-Analysiersystem sind Grundvorgänge festgelegt, die auch für die Zeitermittlung in der VR-Montage herangezogen werden können. Hierbei handelt es sich um folgende Vorgänge:

- Aufnehmen und Plazieren
- Plazieren
- Hilfsmittelhandhaben
- Betätigen
- Bewegungszyklus
- Festmachen/Lösen.

Der Grundvorgang Hilfsmittelhandhaben stellt in der VR-Montage einen Sonderfall dar, für den spezielle montagetechnologisch bedingte Algorithmen entwickelt werden. Im UAS-Analysiersystem wird der Vorgang Hilfsmittelhandhaben allgemein für das Benutzen von Hilfsmitteln vorgesehen, der in der VR-Montage keine Geltung findet, da hier der allgemeine Fall bei der Benutzung von Hilfsmitteln zu stark eingeschränkt und den Bauteilverbindungen nicht gerecht wird. Die Bestimmung von Grundvorgängen beim Hilfsmittelhandhaben aus Informationen der VR-Bewegungen wird in einem späteren Abschnitt erläutert.

5.2.1 Montageregeln zur Bestimmung von Bewegungsvorgängen

Bild 35 zeigt die Bewegungselemente der aus MTM-Grundbewegungen gebildeten UAS-Grundvorgängen, die für die Zeitermittlung in der VR-Montage relevant sind. Die UAS-Grundvorgänge werden als elementare Analysebausteine betrachtet, die in Abhängigkeit der Einflußgrößen die Zuordnung von vorbestimmten Zeiten erlauben.

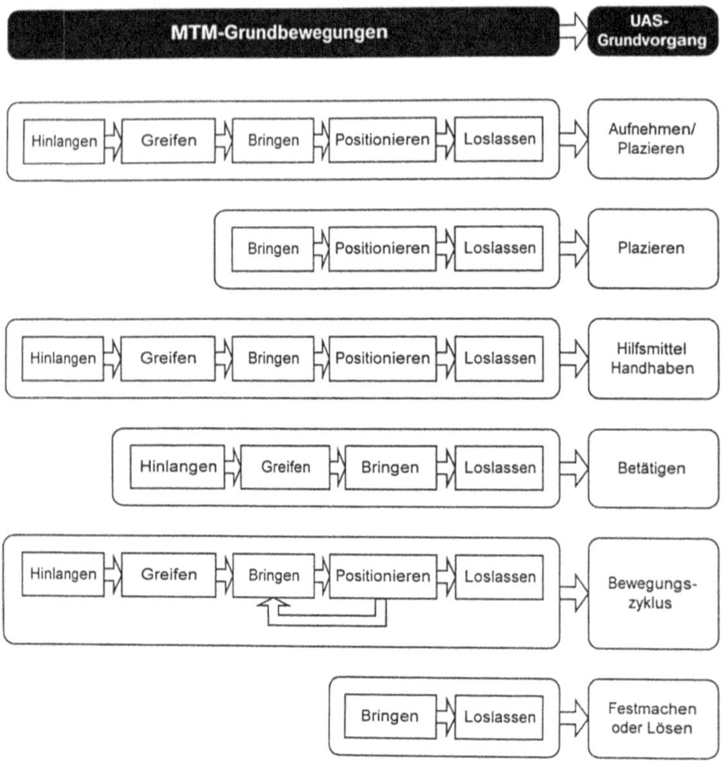

Bild 35: Bestandteile der UAS-Grundvorgänge

Die einzelnen UAS-Grundvorgänge lassen sich in Form von Montageregeln darstellen. Beispielsweise besteht der Bewegungsabschnitt „Aufnehmen/Plazieren" aus den Grundbewegungen[2] Hinlangen, Greifen, Bringen, Fügen und Loslassen zu/von einem einzigen Bauteil, das sich im Bereich eines definierten Greifraums des Menschen befindet. Um die Grundvorgänge eindeutig zu identifizieren, sind Informationen über das gegriffene Bauteil sowie

[2] Abkürzungen: Hinlangen *R* (engl. Reach), Greifen *G* (engl. Grasp), Bringen *M* (engl. Move), Fügen *P* (engl. Position) und Loslassen *RL* (engl. Release)

der Ort des zu handhabenden Objektes und die Position der ausgeführten VR-Bewegung der Hand erforderlich.

Die zu betrachtenden Einflußgrößen bei der Zeitermittlung mittels UAS-Bewegungsvorgänge sind auf Tabelle 5 dargestellt.

UAS-Bewegungsvorgänge \ zu beachtende Einflußgrößen	Genaues Plazieren	Ungenaues Plazieren	Teilegewicht	Entfernungsbereich	Einfache Operation	Schwierige Operation	Häufigkeit	Bewegungslänge	Hebellänge
Aufnehmen-Plazieren	●	●	●	●	○	○	○	○	○
Plazieren	●	●	○	●	○	○	○	○	○
Hilfsmittel-Handhaben	●	●	○	●	○	○	○	○	○
Betätigen	○	○	○	●	●	●	○	○	○
Bewegungszyklus ungehemmt	○	○	○	○	○	○	●	●	○
Bewegungszyklus mit Umsetzen	○	○	○	○	○	○	●	○	●
Festmachen/Lösen	○	○	○	○	○	○	○	○	○

Legende: ● trifft zu ○ trifft nicht zu

Tabelle 5: Einflußgrößen der UAS-Bewegungsvorgänge

Mit Hilfe eines Flußdiagramms läßt sich der Vorgang eines geschlossenen Bewegungsabschnittes mit den ein- und ausgehenden Objektdaten sowie Vorgangswiederholungen veranschaulichen. Bild 36 zeigt ein Flußdiagramm des Vorgangs „Aufnehmen-Plazieren".

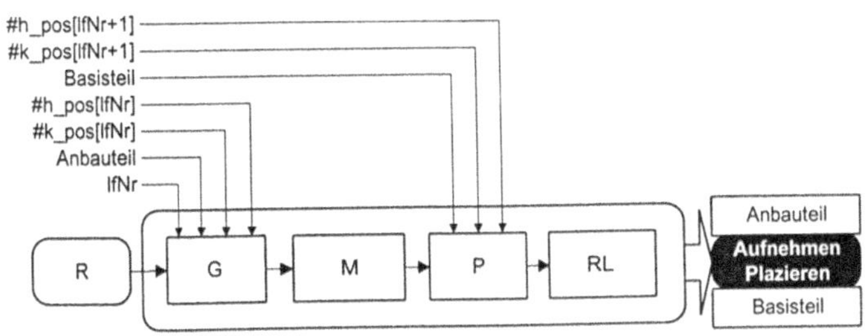

Bild 36: Flußdiagramm des Vorgangs Aufnehmen-Plazieren

Die Objektidentifikation erfolgt zum Zeitpunkt des Greifens bzw. des Fügens. Zum Zeitpunkt des Greifens wird das Anbauteil identifiziert, zum Zeitpunkt des Fügens wird das Objekt auf das das gegriffene Objekt positioniert. Dieses Objekt soll im folgenden als Basisteil bezeichnet werden. Hand- und Kopfpositionen des Benutzers werden zu diesem Zeitpunkt ebenso erfaßt (#k_pos und #h_pos).

Laut der Definition MTM gilt für jedes Bauteil (mit *Bk* indiziert) die Bewegungsfolge Holen H_{BK}, Greifen G_{BK}, Bringen B_{BK}, Fügen P_{BK} und Loslassen RL_{BK}, wobei die jeweilige darauffolgende Bewegung unmittelbar der vorhergehenden folgen muß. Mit der Vorrangbeziehung muv (= muß unmittelbar vorausgehen) ergeben sich die folgenden Regeln:

$$R_{AP1}\text{: } AP_H = R_{BK} \wedge R_{BK} \text{ muv } G_{BK}, \tag{19}$$

$$R_{AP2}\text{: } AP_G = G_{BK} \wedge G_{BK} \text{ muv } M_{BK}, \tag{20}$$

$$R_{AP3}\text{: } AP_B = M_{BK} \wedge M_{BK} \text{ muv } P_{BK}, \tag{21}$$

$$R_{AP4}\text{: } AP_L = P_{BK} \wedge P_{BK} \text{ muv } RL_{BK}. \tag{22}$$

Regel R_{AP1} (19) bedeutet, die Bewegungsfolge AP_H (Aufnehmen und Plazieren - Bewegungsabschnitt Hinlangen) ist durch die Bewegung Hinlangen, die unmittelbar vor der Bewegung Greifen erfolgen muß, definiert.

Die Regel R_{AP} (Aufnehmen und Plazieren eines Bauteils) ergibt sich aus der Erfüllung der Regeln R_{AP1} bis R_{AP4}:

$$R_{AP} : AP_H \wedge AP_G \wedge AP_B \wedge AP_H \rightarrow AP_{BT}. \tag{23}$$

Die Regel R_{AP} beginnt mit dem Greifen eines Bauteiles und endet mit dem Loslassen. Sind alle Bedingungen der Regel erfüllt, d. h. treten bei der Analyse des Bewegungsprotokolls diese definierten Bewegungsfolgen auf, so können die beteiligten Grundbewegungen zur Bewegungsfolge „Aufnehmen und Plazieren“ des entsprechenden Bauteils aggregiert werden.

Die vorbestimmte Zeit t_{AP} kann in Abhängigkeit der beim Greifen und Positionieren zurückgelegten Entfernung aus dem analogen UAS-Zeitbaustein für „Aufnehmen und Plazieren“ zugeordnet werden.

$$T_{AP,\,BT} = Zeit\,(AP_{BTn}). \qquad (24)$$

5.2.2 Distanzberechnung und Bereichsbestimmung

Die erfaßten Kopf- und Handpositionen sind x-, y- und z-Werte eines kartesischen Koordinatensystems im virtuellen Raum. Sie entsprechen denjenigen Positionen, die aus der Ortsbestimmung der DataGloves und des Head-Mounted-Displays in virtueller Realität durch den Tracker gewonnen werden können. Die Positionswerte der Kopf- und Handpositionen werden in vektorieller Schreibweise dargestellt und haben folgende Formen:

$$\#h\_pos\,[m] = (\,x\_h[m],\, y\_h[m],\, z\_h[m]\,), \qquad (25)$$

$$\#k\_pos\,[n] = (\,x\_k[n],\, y\_k[n],\, z\_k[n]\,), \qquad (26)$$

mit $x, y, z \in [\,IR\,]$ und $m, n \in [\,IN\,]$,

wobei m und n als Zählvariable der erfaßten Positionen fungieren. Aus den Kopf- und Handpositionen läßt sich der Entfernungsbereich der ausgeführten Bewegung, durch Berechnung des Abstandes beider Punkte bestimmen. Dafür gilt nach /18/ folgende Berechnungsformel:

$$|\#dist[m,n]| = \sqrt{\left(x\_k[n] - x\_h[m]\right)^2 + \left(y\_k[n] - y\_h[m]\right)^2 + \left(z\_k[n] - z\_h[m]\right)^2}\,. \qquad (27)$$

Die Bestimmung des im UAS-Analysiersystem festgelegten Entfernungsbereiches erfolgt durch Vergleich der Distanzen der Greif- und Positionierbewegung eines Bewegungsabschnittes.

Anhand der UAS-Grundvorgänge lassen sich eine Vielzahl von Bewegungsabläufen in der VR-Montage beschreiben und daraus durch Summenbildung von Zeiten zusammenhängende Arbeitsabschnitte entsprechend der UAS-Zeitbausteine bilden. Arbeitsabschnitte sind aus Bewegungsmengen zusammengefaßte Bedingungen, in denen Bauteile, Verbindungselemente und Hilfsmittel einbezogen worden sind, die bei Handhabung und Zusammenbau zum selben Montageprozeß gehören.

5.3 Aggregation montagetechnologisch bedingter Bewegungsvorgänge

Für die Zeitanalysen von standardisierten Tätigkeiten der Montage, wie z. B. Schrauben und Transportieren, wurden von der deutschen MTM-Vereinigung UAS-Aufbaustufen entwickelt. Für die Ermittlung von Planzeiten für standardisierte Montagetätigkeiten aus Grundvorgängen des UAS-Analysier-systems existiert somit eine Datensammlung, in der die Planzeiten in Abhängigkeit von Einflußgrößen erfaßt sind. Im Dokument der Stammanalyse sind jedoch Zeitdaten für einige Fügeverfahren der Montage nicht verfügbar. Dabei handelt es sich um Zeitdaten für die Vorgänge wie Schweissen und Löten sowie umformtechnische Verbindungen wie Bördeln und Falzen. Montagevorgänge, die nicht im Rahmen des UAS-Verfahrens erfaßt sind und damit eine Analyse auf der Basis von UAS-Grundvorgängen erschweren, können mit Hilfe von zusammenhängenden Ablaufalgorithmen analysiert werden.

Zusammenhängende Ablaufalgorithmen bestehen aus zusammengesetzten UAS-Grundvorgängen und Arbeitsvorgängen, die montagetechnologisch bedingt sind. Beispiele für montagetechnologisch bedingte Arbeitsvorgänge sind Vorgangswiederholungen sowie Anwendungen von Maschinenwerkzeugen und Schweißgeräten. Für diese Arbeitsvorgänge sollen zusammenhängende Ablaufalgorithmen definiert und entwickelt werden, um die Arbeitsfolgen zu erkennen und die verrichteten Arbeiten den angewendeten, fügetechnischen Verfahren zuzuordnen. Als Resultat wird die zugehörige Montagezeit ermittelt.

Im folgenden werden derartige Ablaufalgorithmen beschrieben und dargestellt.

5.3.1 Montagetechnologisch bedingte Bewegungsabläufe

Im Gegensatz zur Ermittlung der Zeit nach UAS-Aufbaustufen werden in der VR-Montage die elementaren Bewegungen explizit in einem Bewegungsprotokoll aufgelistet, das mit Bezeichnungen der beteiligten Objekte und der bei der Handhabung gespeicherten Positionen versehen ist. Dabei werden alle zeitbestimmenden Bewegungen protokolliert und mit Hilfe von Ablaufalgorithmen entsprechend für die Zeitermittlung zur Verfügung gestellt.

Bei der Verwendung von Hilfsmitteln zur Herstellung von Bauteilverbindungen stimmen die Tätigkeiten nicht mit der Abfolge der Grundvorgänge des UAS-Analysiersystems überein. Wenn insbesondere

- Wiederholungen von Tätigkeitsabschnitten auftreten, wie z. B. Schraubbewegungen oder
- verfahrenstechnisch bedingte Arbeitsweisen bei der Montage verlangt werden, wie es z. B. beim Schweißen und Löten der Fall ist,

dann sind diese Fälle als Sonderfälle zu betrachten. Für Sonderfälle von Bewegungsvorgängen in der VR-Montage, die insbesondere bei der Verwendung von Hilfsmitteln häufig verbindungsspezifisch vorkommen, sollen nun Algorithmen entwickelt werden. Diese Algorithmen sind aus den UAS-Grundvorgängen verbindungsabhängig zusammengesetzt. Dabei gilt es, die Ablaufstrukturen der jeweiligen verbindungsspezifischen Tätigkeiten zu erfassen und die entsprechenden UAS-Vorgänge für die Sonderfälle in Abhängigkeit der Einflußgrößen zu bilden.

5.3.2 Tätigkeitswiederholungen als Bewegungszyklen

Wiederholungen von Tätigkeitsabschnitten bedeuten hier, daß in einem Arbeitsvorgang Zyklen gleicher Bewegungen ausgeführt werden. Es wird zwischen einem ungehemmten Bewegungszyklus, als Bewegungszyklus 1 bezeichnet, und einem Zyklus mit Umsetzung, als Bewegungszyklus 2 bezeichnet, unterschieden.

Ungehemmter Bewegungszyklus

Charakteristische Merkmale des ungehemmten Bewegungszyklus sind die Wiederholungen der einzelnen Bewegungen aus Bringen *M* und Fügen *P* im Fall 1 und aus Drehen *T*, Loslassen *RL*, erneutes Drehen *T* und Greifen *G* im Fall 2. In Bild 37 sind die beiden Fälle in Flußdiagrammen dargestellt. Das einfachste Beispiel eines Bewegungszyklus für den Fall 1 ist das Heben und Senken beim Einschlagen eines Nagels mit einem Hammer. Dieser Vorgang geht dem Vorgang des Weglegens, d. h. Positionieren und Loslassen, unmittelbar voraus. Hierbei befindet sich das Werkzeug in der Kontrolle der Hand. Wird keine zyklische Bewegung ausgeführt, entspricht der Vorgang dem des Aufnehmens und Plazierens.

Ein Beispiel für den Fall 2 ist das Drehen eines Schraubendrehers oder das Schrauben direkt mit den Fingern. Der Vorgang endet mit dem Tätigkeitsabschnitt Aufnehmen und Plazieren des Hilfsmittels, durch die gestrichelten Pfeile in Bild 37 symbolisiert.

Die Planzeit für die Ausführung der Bewegungszyklen aus *T-RL-T-G* und *M-P* entspricht der eines UAS-Bewegungszyklus.

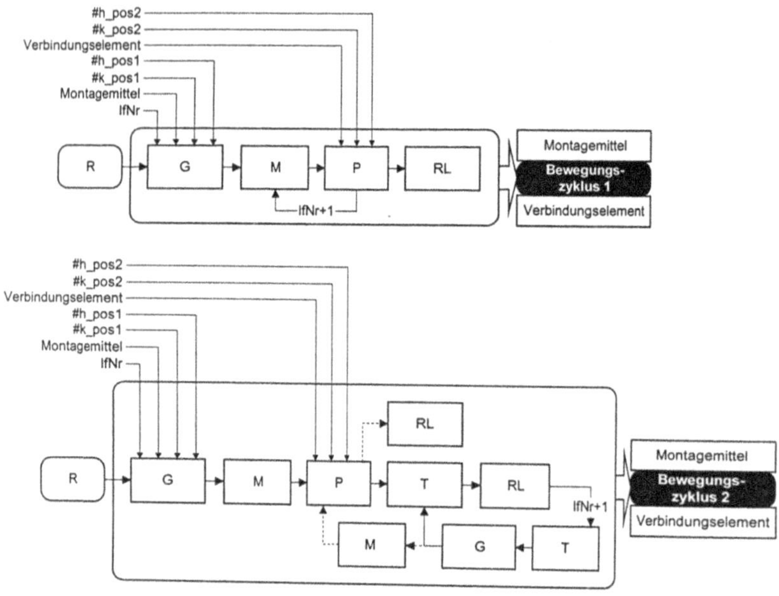

Bild 37: Fall 1 und 2 des ungehemmten Bewegungszyklus

Ein Beispiel für das Plazieren und das anschließende Verschrauben einer Schraube ist in Bild 38 dargestellt. Das Bewegungsprotokoll enthält die erfaßten Grundbewegungen. Diese Grundbewegungen werden mit Hilfe der beschriebenen Bewegungsabläufe zu Vorgangsstufen zusammengefaßt. Aus Darstellungsgründen wurde im Beispiel auf die Beschreibung der erfaßten Hand- und Kopfpositionen verzichtet.

(1) Benutzer bringt Schraube an Einbauposition

(2) Schraube korrekt plaziert

(3) Benutzer greift Schraubendreher

(4) Schraubendreher korrekt plaziert, Schraube wird eingeschraubt

Aufgezeichnetes Bewegungsprotokoll

lf. Nr.	Grundbewegung	Anbauteil	Basisteil
-	R	-	-
1	G	Schraube 1	-
1	M	Schraube 1	-
1	P	Schraube 1	Bauteil 1
1	RL	Schraube 1	-
1	R	-	-
2	G	Schraubendreher	-
2	M	Schraubendreher	-
2	P	Schraubendreher	Schraube 1
2	T	Schraubendreher	-
2	RL	Schraubendreher	-
3	T	Schraubendreher	-
3	G	Schraubendreher	-
3	M	Schraubendreher	-
3	P	Schraubendreher	Schraube 1
3	RL	Schraubendreher	-
...	...	...	...

Berechnete Vorgangsstufen

Schraube 1
Aufnehmen und Plazieren
Bauteil 1

Schrauben-dreher
Schrauben
Schraube 1

Bild 38: Erfassung der Grundbewegungen und Erzeugung der Vorgangsstufen

Bewegungszyklus mit Umsetzung

Die zyklische Bewegungsausführung mit Umsetzung setzt voraus, daß ein Hebel bei der Anwendung eines Hilfsmittels um einen Drehpunkt gesetzt wird, z. B. das Ansetzen und Schrauben mit einem Ringschlüssel. Entscheidend für die Zeitermittlung ist die Hebellänge des Werkzeuges.

Bild 39 zeigt den Bewegungsablauf für das Handhaben von Werkzeugen, der einen Bewegungszyklus mit Umsetzungen beinhaltet. Der zyklische Vorgang besteht aus den drei Grundbewegungen Bringen M, Fügen P und die Umsetzbewegung M^U.

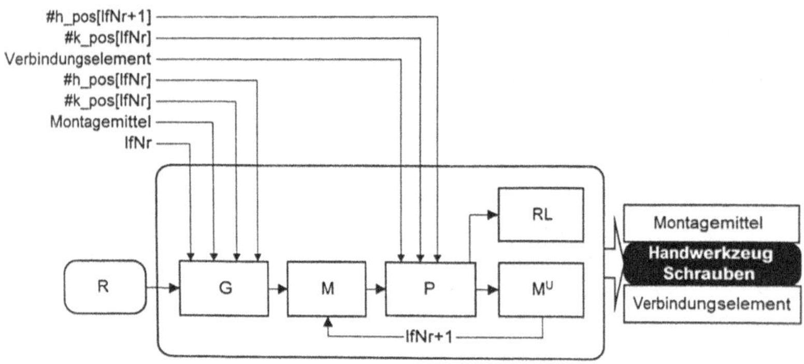

Bild 39: Bewegungszyklus mit Umsetzung

Die Planzeit hängt wesentlich von der Länge des eingesetzten Werkzeuges ab, die nach dem UAS-Analysiersystem in die drei Längenbereiche:

- ≤ 20 cm,
- > 20 - 45 cm und
- > 45 - 100 cm

eingeteilt worden ist. Der Bewegungsvorgang wird durch das Positionieren und Loslassen des Hilfsmittels, zusammen mit dem Vorgang des letzten Bringens auf die vorgesehene Ablage, beendet. Die Zeit für diesen letzten Bewegungsabschnitt entspricht der des Plaziervorgangs und kann in Abhängigkeit des vorgesehenen Entfernungsbereichs abgeleitet werden.

5.3.3 Verfahrenstechnisch bedingte Arbeitsweise in der VR-Montage

Verfahrenstechnisch bedingte Arbeitsweisen in der VR-Montage treten auf, wenn maschinelle Hilfsmittel verwendet werden, für die zur Zeitermittlung die Prozeßzeiten berechnet oder auf Zeiten nach UAS-Aufbaustufen zurückgegriffen werden muß. Hierbei handelt es sich um folgende Tätigkeiten mit Unterstützung durch maschinelle Hilfsmittel:

- Schrauben mit Maschinen- oder Drillschrauber
- Nieten mit Nietdoppler
- Schweißen und Löten.

Dabei stellen das Schweißen und Löten Tätigkeiten dar, für die Zuschlagsfaktoren zu den ausgeführten Zeiten der Arbeitsverrichtung ermittelt werden müssen.

Speziell für das Schrauben und Normteile-Handhaben, wie z. B. Nieten, Nageln und Verstiften, existieren systemvorbestimmte Zeiten aus dem UAS-Datensystem. Beim Schrauben werden die Zeiten in Abhängigkeit von der Länge und Art der Schrauben dargestellt und für die Bestimmung in Zeitwerttabellen zur Verfügung gestellt.

5.3.4 Bewegungszyklus Maschinenschrauben

Bild 40 zeigt den Bewegungszyklus des Maschinenschraubens. Er unterscheidet sich von dem des Handwerkzeug - Handhabens dadurch, daß an Stelle der Umsetzbewegung ein Betätigungsvorgang B^* stattfindet.

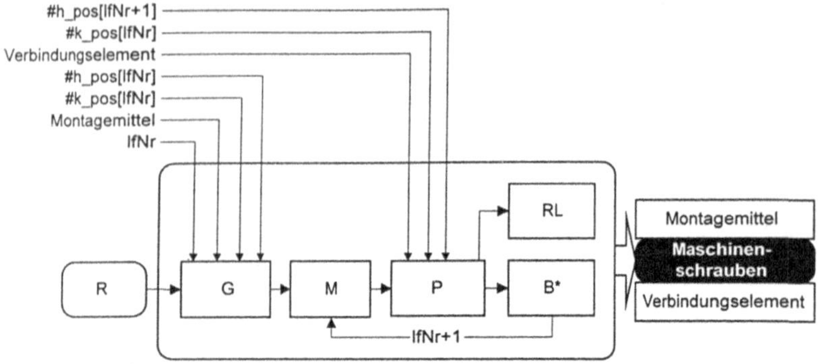

Bild 40: Bewegungsablauf Maschinenschrauben

Durch Betätigen des vorgesehenen Schalters des Hilfsmittels und die damit verbundene Gestik der virtuellen Hand kann der Prozeß des Schraubvorgangs in Gang gesetzt werden. Die Zeiten dafür leiten sich in Abhängigkeit der Schraubengrößen oder -längen nach UAS-Aufbaustufen ab.

Der Wiederholungszyklus im Flußdiagramm stellt das erneute Ansetzen und Anwenden des Hilfsmittels auf ein anderes Verbindungselement dar und ist durch die Bewegungsfolge *M-P-B** gekennzeichnet. Im Gegensatz zum Handwerkzeug - Schrauben wird die Bewegungsfolge beim Maschinenschrauben durch erneutes Ansetzen des Werkzeugs an einer anderen Schraube wiederholt, wobei sich die Position der Hand ändert. Der Tätigkeitsvorgang wird ebenfalls durch Positionieren und Loslassen des Hilfsmittels abgeschlossen.

5.3.5 Bewegungszyklus Blindnieten und Blechschrauben

Hier wird der Vorgang Normteile - Handhaben auf das Blindnieten mit einer Zange oder einem Spezialwerkzeug beschränkt, wie beispielsweise die pneumatische oder elektrische Blindnietpistole. Der Bewegungsablauf für die Anwendung beider Werkzeugarten entspricht dem des Blechschraubens mit einem Maschinenschrauber, bei dem eine Blechschraube mittels des in der Kontrolle der Hand befindlichen Werkzeugs direkt angesetzt wird und nicht zuvor an den zu verschraubenden Bauteilen plaziert werden muß. Hierbei enthält der Bewegungszyklus eine komplexe Struktur, da der Vorgang aus zwei gekoppelten Handhabungsvorgängen besteht, dem des Handhabens von

Werkzeugen und dem des Aufnehmens und Plazierens eines Verbindungselements.

Bild 41 zeigt die Struktur derartiger Bearbeitungsabschnitte, wobei der Abschnitt des Aufnehmens und Plazierens eines Verbindungselements mit einer der beiden Hände nach dem Bringen *M* und unmittelbar vor dem Positionieren *P* des Werkzeuges angesetzt wird.

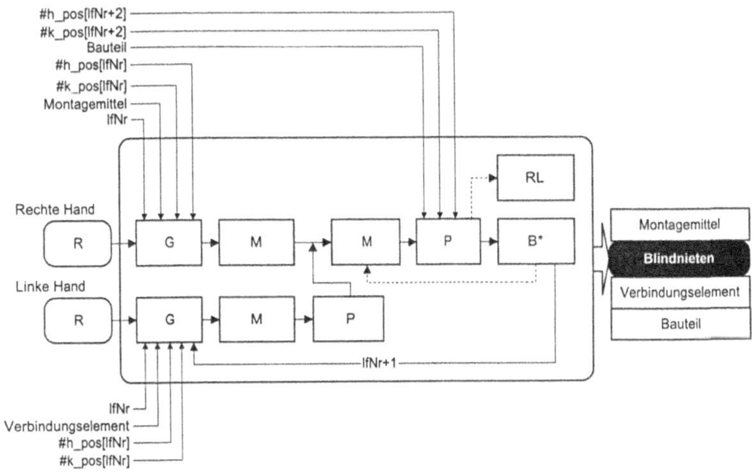

Bild 41: Bewegungsablauf beim Blindnieten und Blechschrauben

Die Analyse des Blindnietens erfolgt entsprechend der Ablauffolge und Zusammensetzung der Grundbewegungsbausteine dieses Tätigkeitsabschnittes. Die Summe der aus den Vorgängen bestimmten Einzelzeiten bildet die Gesamtzeit dieses Tätigkeitsabschnittes. Die Wiederholungsschleife wird dann gezählt, wenn weitere Vernietungen oder Verschraubungen mit dem gleichen Werkzeug an Bauteilen getätigt werden. Dabei muß ein Verbindungselement erneut aufgenommen und an das Werkzeug angesetzt, positioniert und gefügt werden. Die gestrichelte Linie im Flußdiagramm deutet den letzten Vorgang der Vernietung oder Verschraubung an, die mit dem Positionieren und Loslassen des Werkzeuges beendet wird.

5.3.6 Bewegungszyklus Schweißen und Löten

Der Schweißvorgang umfaßt einerseits vorbereitende und anderseits ausführende Tätigkeiten. Bild 42 zeigt die auszuführende Tätigkeit des Schweißvorgangs in Form eines Ablaufdiagramms, das den Verlauf der einzelnen Grundbewegungen darstellt. Neben dem Schweißen gibt es, je nach Verfahren eine Tätigkeit, mit der das Schweißgut zum Schweißen zugeführt werden muß. Dies trifft insbesondere beim Handschweißen und Hartlöten zu. Nach Aufnahme des Schweißbrenners beginnt das Schweißen mit der Bewegung M^* entlang der Schweißrichtung.

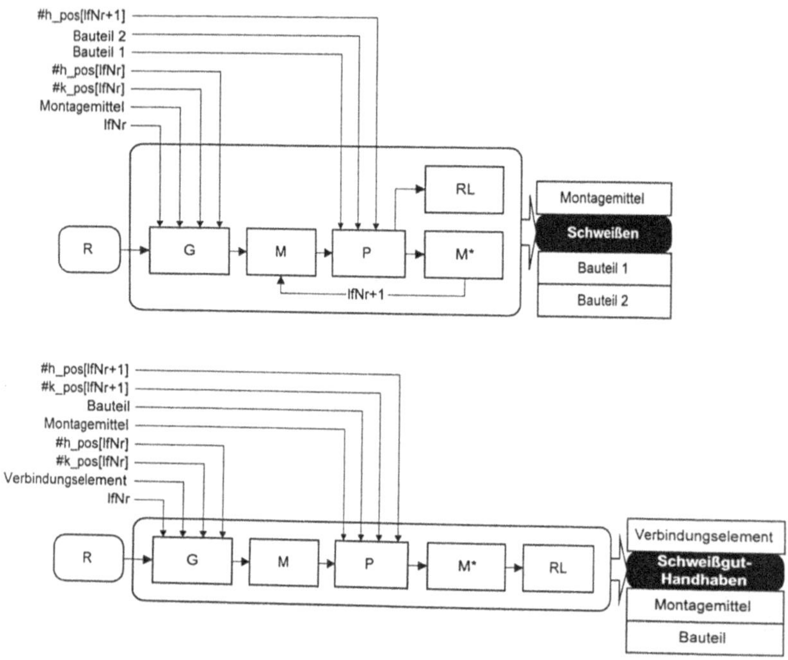

Bild 42: Bewegungsablauf beim Schweißen und Schweißgut-Handhaben

Die Bewegung M^* setzt sich aus drei Einzelbewegungen zusammen: Das Betätigen eines am Brenner befindlichen Schalters, das Führen des Schweißbrenners entlang der Schweißnaht und das Aufheben der Betätigung. Wird an einer weiteren Stelle geschweißt, kann der Schweißbrenner durch die Bring-

und Positionierbewegung (*M* und *P*) dahin plaziert und die Bewegung *M** wiederholt werden.

Die Gesamtzeit eines Arbeitsvorgangs wird aus den einzelnen Teilvorgängen zusammengesetzt, beginnend mit dem Aufnehmen des Werkzeuges bis zum Weglegen sowie einem zu multiplizierenden Zuschlagsfaktor, der abhängig vom Schweißverfahren ermittelt werden muß.

Der Bewegungsablauf beim Löten von Bauteilen entspricht dem in Bild 42 dargestellten Schema. Der Zuschlagsfaktor muß für das Löten ausgelegt werden.

5.4 Aggregation der Bewegungsinformationen zu Teilverrichtungen

Die im vorherigen Abschnitt ermittelten Vorgangsstufen der einzelnen Montagevorgänge können mit Hilfe von Regeln, die die logische Beziehung der Vorgangsstufen bei der Durchführung bestimmter Montagevorgänge beschreiben, aggregiert werden. Dabei spielt die Rangfolge der Bauteile und deren Verbindungselemente untereinander eine Rolle. Je nach Verbindungsart ergeben sich unterschiedliche Möglichkeiten der Zusammenstellung von Bauteilen und Verbindungselementen. Somit lassen sich Regeln aus der entsprechenden Reihenfolge und Rangordnung von Bauteilen formulieren.

5.4.1 Entwicklung verbindungsspezifischer Aggregationsregeln

Die zu entwickelnden Aggregationsregeln und die darin zugrunde liegenden Vorgangsstufen basieren auf der Reihenfolge der zu verbindenden Bauteile und der Verbindungselemente. Abhängig vom gewählten Fügeverfahren eines Montagevorgangs sind logische Beziehungen zwischen den am Montagevorgang beteiligten Bewegungen, Bauteilen, Verbindungselementen und Werkzeugen gegeben.

Die im VR-System durchgeführten Montageoperationen liegen als sequentielle Liste in Form von Bewegungsvorgängen bzw. Bewegungszyklen vor. Bewegungsvorgänge beschreiben das Plazieren von Baukomponenten bzw. Verbindungselementen. Bewegungszyklen enthalten Informationen über montagetechnologisch bedingte Bewegungsabläufe wie sie z. B. beim

Schrauben oder Nieten vorkommen. Die Ermittlung der zu einer Teilverrichtung gehörenden Montageoperationen erfolgt nach dem Prinzip des Einzelteil- und/oder Baugruppenzuwachses (Teilezuwachses) nach AMMER /1/. Im folgenden soll der für diese Arbeit präzisere Begriff Baukomponentenzuwachs verwendet werden. Eine abgeschlossene Teilverrichtung liegt demnach vor, wenn mindestens zwei Baukomponenten durch eine Montageoperation gefügt werden. Es gilt, die Bewegungsvorgänge und Bewegungszyklen sowie die dabei beschriebenen Montageobjekte und Vorrangbeziehungen zu analysieren, um sie einer montageplanerisch sinnvollen Teilverrichtung zuzuordnen.

Zur Formalisierung dienen folgende Bezeichnungen:

BV : Bewegungsvorgang = $\{AP, P, ...\}$

BZ : Bewegungszyklus

$BV_{Bk[j]}^{Bk[i]}$: Bewegungsvorgang, während dessen die Baukomponente Bk[i] an die Baukomponente Bk[j] plaziert wird

$BZ_{Bk[j]}^{Ve[k]}$: Bewegungszyklus, während dessen das Verbindungselement Ve[k] an die Baukomponente Bk[j] plaziert wird

$BV_{\neq Bk[i]}^{Bk[j]}$: Bewegungsvorgang, während dessen die Baukomponente Bk[j] nicht an die Baukomponente Bk[i] plaziert wird

$BZ_{\neq Bk[i]}^{Ve[k]}$: Bewegungszyklus, während dessen das Verbindungselement Ve[k] nicht an die Baukomponente Bk[i] plaziert wird

$\Rightarrow$: muß unmittelbar vorausgehen.

Zur Ermittlung der zu einer Teilverrichtung gehörenden Vorgangsstufen sollen folgende Zusammenhänge betrachtet werden:

1. Die Bewegungsvorgänge, die das Plazieren des Basisteiles beschreiben, werden separat betrachtet.

2. Alle Bewegungsvorgänge, an denen Baukomponenten unmittelbar an die Baukomponenten des vorausgehenden Bewegungsvorgangs plaziert werden, gehören zur gleichen Teilverrichtung, wenn diese Bewegungsvorgän-

ge mit einem oder optional mehreren Bewegungszyklen abgeschlossen sind. Werden sie nicht mit einem Bewegungszyklus abgeschlossen, bilden sie separate Teilverrichtungen.

Folgende Bewegungsvorgänge und Bewegungszyklen werden demnach zu einer Teilverrichtung zusammengefaßt:

$$\left(\sum_{i=2}^{n} BV_{Bk[i-2]}^{Bk[i-1]} \Rightarrow BV_{Bk[i-1]}^{Bk[i]}\right) \wedge \left(BV_{Bk[n-1]}^{Bk[n]} \Rightarrow \sum_{k=1}^{m} BZ_{Bk[n]}^{Ve[k]}\right). \qquad (28)$$

Ein Beispiel hierfür ist das Stapeln und anschließende Verschrauben mehrerer Bauteile.

3. Alle Bewegungsvorgänge, an denen keine Baukomponenten unmittelbar an die Baukomponenten des vorausgehenden Bewegungsvorgangs plaziert werden, gehören zu unterschiedlichen Teilverrichtungen.

   Hierfür gilt:

$$\text{wenn}\left(BV_{Bk[i-1]}^{Bk[i]} \Rightarrow BV_{\neq Bk[i]}^{Bk[j]}\right) \text{dann}\, TV_1 = BV_{Bk[i-1]}^{Bk[i]}, TV_2 = BV_{\neq Bk[i]}^{Bk[j]}. \qquad (29)$$

4. Alle Bewegungszyklen, an denen Verbindungselemente <u>nicht</u> unmittelbar an die Baukomponenten des vorausgehenden Bewegungsvorgangs plaziert werden, gehören zu unterschiedlichen Teilverrichtungen.

   Hierfür gilt:

$$\text{wenn}\left(BV_{Bk[i-1]}^{Bk[i]} \Rightarrow BZ_{\neq Bk[i]}^{Ve[k]}\right) \text{dann}\, TV_1 = BV_{Bk[i-1]}^{Bk[i]}, TV_2 = BZ_{\neq Bk[i]}^{Ve[k]}. \qquad (30)$$

Bild 43 zeigt die Benennung und Reihenfolge bei der Verschraubung mehrerer Bauteile mit einem Basisteil. Nach Plazieren des Basisteils Bk1 fügt der Benutzer die Baukomponenten Bk2 und Bk3 an und verschraubt die Bauteile anschließend mit dem Basisteil. In der anschließenden Montageoperation wird die Schraube Ve4 in das Basisteil eingeschraubt. Nachfolgend montiert der Benutzer das Bauteil Bk4 und verschraubt es.

Durch die Anwendung obiger Beziehungen können die Einzeloperationen montageplanerisch sinnvollen Teilverrichtungen zugeordnet werden.

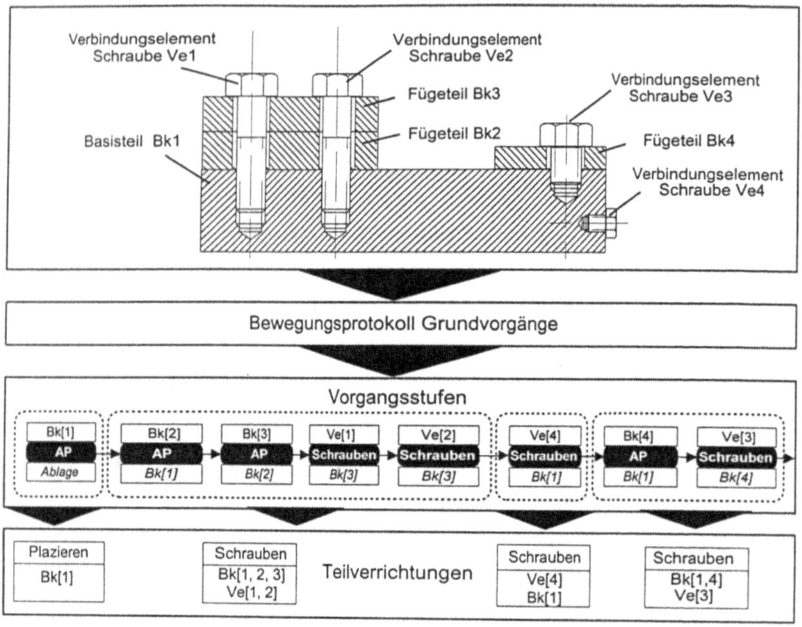

Bild 43: Montagesituation Verschraubung mehrerer Bauteile

5.4.2 Vorrangbeziehung der Teilverrichtungen

Die Teilverrichtungen können durch Analyse der Form des Baukomponentenzuwachses in eine Vorrangbeziehung gebracht werden. In Anlehnung an das von AMMER /1/ entwickelte Verfahren der Herstellung von Reihenfolgebeziehungen von Teilverrichtungen aus der Betrachtung des Baukomponentenzuwachses sollen die aus den Bewegungselementen der interaktiven Hand-Arm-Bewegung des Benutzers ermittelten Teilverrichtungen in eine Reihenfolgebeziehung gebracht werden.

1. Jedes beliebige Paar von Teilverrichtungen *TV1* und *TV2*, das jeweils eine unterschiedliche Menge von Baukomponenten *Bk1* und *Bk2* enthält, ist unabhängig voneinander:

$Bk1 \cap Bk2 = \{ \}$, d. h. *TV1* ist unabhängig von *TV2*.

2. Wenn die Menge der Baukomponenten *Bk2* der Teilverrichtung *TV2* eine Untermenge der Menge der Baukomponenten *Bk1* der Teilverrichtung *TV1* ist sowie die Anzahl der Baukomponenten *BT2* die Anzahl der Baukomponenten *Bk1* um Eins überschreitet, dann folgt die Teilverrichtung *TV2* unmittelbar auf die Teilverrichtung *TV1*:

$(Bk2 \supset Bk1) \wedge (|Bk2| = |Bk1| + 1)$, d. h. *TV2* folgt unmittelbar auf *TV1*.

5.5 Hierarchischer Montagevorranggraph als Planungshilfsmittel

Zur Dokumentation von Montageabläufen existieren mehrere Gliederungsarten (siehe auch Kap.2, Bild 3). Der Montagevorranggraph wird als Planungshilfsmittel für Montageaufgaben eingesetzt und bietet sich als Hilfsmittel für zeitlich logische Darstellungen von Montageablaufstrukturen an. Der Vorranggraph ist ein endlicher, von links nach rechts gerichteter, zyklenfreier Graph. Die Erarbeitung bzw. rechnergestützte Generierung von Vorranggraphen wird in /1/, /21/ und /113/ ausführlich behandelt. Ähnlich einem Vorgangsknoten-Netzplan werden beim Vorranggraphen die Tätigkeiten durch Kreise oder Rechtecke symbolisiert, während durch die Verbindungslinien ihre Reihenfolgebeziehungen festgelegt werden. Er kann beliebig viele Anfangs- und Endknoten besitzen, darf jedoch keine Schleifen enthalten (Bild 44).

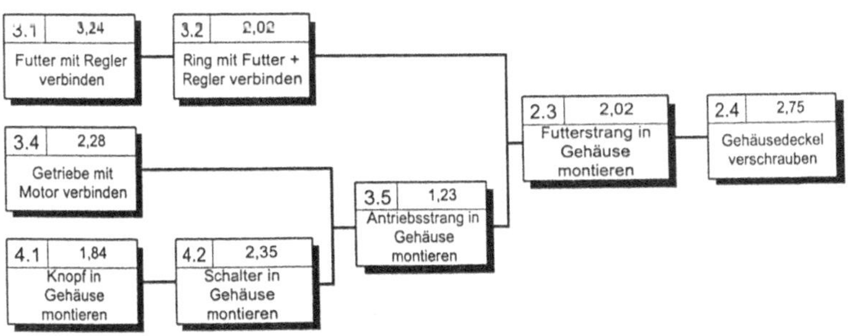

Bild 44: Darstellung einer Tätigkeitenfolge mittels des Vorranggraphen

Im Vorranggraph wird veranschaulicht, welche direkten Vorgänger bzw. Nachfolger eine Teilverrichtung besitzt. Anhand des Vorranggraphen läßt sich erkennen, welche Tätigkeiten in Reihe angeordnet sind, also hintereinander ausgeführt werden müssen, und welche parallel liegen und deshalb mehrere Möglichkeiten der Ausführreihenfolge bieten. Je mehr Tätigkeiten pro Spalte parallel angeordnet sind, um so größer sind die Freiheitsgrade hinsichtlich ihrer Ausführung.

Der Idee des hierarchischen Vorranggraphen liegt die Voraussetzung zugrunde, daß ein Vorranggraph einerseits Teil eines übergeordneten Vorranggraphen sein kann, andererseits wiederum aus Teilvorranggraphen bestehen kann. *Hierarchisch* bezieht sich hier also auf den Aufbau des Gesamtvorranggraphen, wobei eine Hierarchieebene gleichzeitig dem Detaillierungsgrad entspricht. Die unterste Hierarchieebene etwa ist gleichbedeutend mit dem höchsten Detaillierungsgrad des Vorranggraphen. Diese rekursive Definition des Vorranggraphen bedingt eine ebensolche Definition der Tätigkeit. Das bedeutet, daß auch jede Tätigkeit Teil einer übergeordneten Tätigkeit sein und gleichzeitig selbst aus mehreren Tätigkeiten bestehen kann. Dadurch ergibt sich eine Baumstruktur, wie sie beispielhaft in Bild 45 dargestellt ist. Diese Struktur kann eindeutig auf den hierarchischen Vorranggraphen abgebildet werden. Wie aus Bild 45 hervorgeht, müssen nicht alle Tätigkeiten der untersten Hierarchieebene denselben Detaillierungsgrad oder dieselbe Anzahl übergeordneter Hierarchiestufen besitzen.

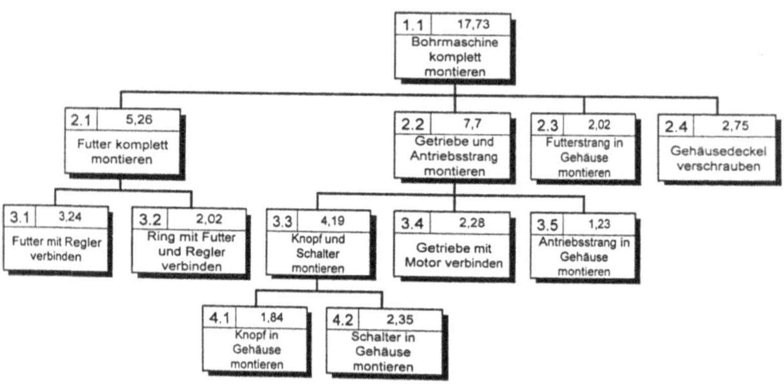

Bild 45: Beispiel einer tätigkeitsorientierten Baumstruktur

6 Exemplarische Umsetzung des Planungssystems

Im folgenden Kapitel soll der Aufbau des Planungssystems, die zur Realisierung notwendige Hard- und Softwareumgebung sowie die Benutzerschnittstelle beschrieben werden.

6.1 Aufbau des Planungssystems

Das System für virtuelle Montageplanung ist kein proprietäres Softwaresystem, sondern nutzt Funktionen, die auf unterschiedlichen Hard- und Softwareplattformen erstellt wurden. Für die Realisierung der in Kapitel 4 beschriebenen Konzepte für Interaktionsmöglichkeiten mit Montageobjekten, Montagemitteln und Verbindungselementen sind hochleistungs- und echtzeitfähige Virtual Reality Systeme erforderlich. Die in Kapitel 5 beschriebenen Auswertungsmethoden benötigen als Benutzerschnittstelle konventionelle Oberflächen wie Fenster und Maus und sind nicht Bestandteil eines VR-Systems. Die Produktdaten für die Planungsdurchführung werden aus CAD-Systemen übernommen.

Bild 46 zeigt die einzelnen Komponenten des Systems sowie den entsprechenden Datenfluß zwischen den einzelnen Systembestandteilen. Die Datenerzeugung und -aufbereitung erfolgt mit CAD-Programmen wie z. B. CATIA und ProENGINEER. Über entsprechende Schnittstellen werden virtuelle Prototypen, basierend auf den Produktgeometrien, erzeugt. Diese virtuellen Prototypen werden im VR-System zur interaktiven Montageplanung aufbereitet und visualisiert. Die durchgeführten Benutzerinteraktionen werden als Vorgangselemente in Form von MTM-Grundelementen als Bewegungsprotokoll aufgezeichnet und von den Auswertekomponenten analysiert.

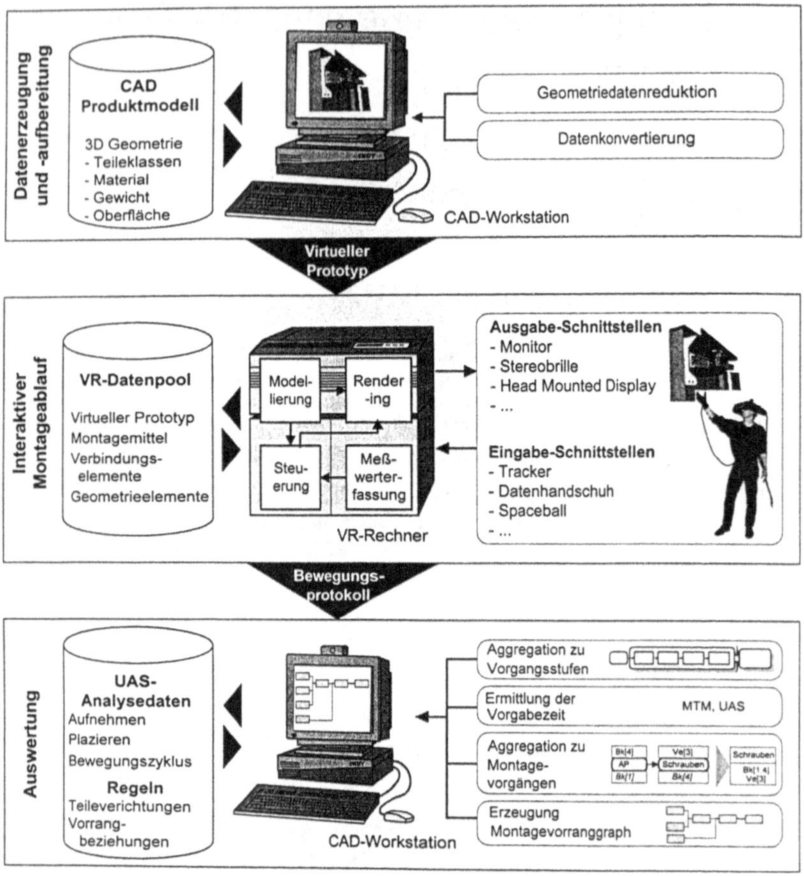

Bild 46: Komponenten des Systems zur virtuellen Montageplanung

6.2 Datenübernahme aus CAD-Systemen

Die Schnittstelle zum CAD-System ist ein wichtiger Teil des Planungssystems. Zur Datenkonvertierung zwischen CAD-Systemen wie AutoCAD, CATIA und ProENGINEER und dem virtuellen Planungssystem wird der IBM 3D Interaction Accelerator benutzt /78/. Dieses Programm unterstützt die Echtzeit-Visualisierung und Überprüfung von komplexen CAD-Modellen. Ein Interface zur CAD-Datenbank konvertiert und polygonisiert die binären CAD-Daten und legt diese Informationen in Form eines ASCII-Files ab (vgl.

Kapitel 4.1.2). Bei der Polygonisierung werden nur die reinen Geometrieinformationen aus dem CAD-File in Form von Polygonen angenähert, nicht relevante CAD-Daten wie Text, Bemaßung und Koordinatensysteme werden ignoriert. Mittels eines im Rahmen der Arbeit entwickelten Konverters /12/ werden diese Polygone trianguliert und in Form des Wavefront OBJ-Formats /76/ abgespeichert. Die somit konvertierte Geometrie kann nun in einer virtuellen Welt visualisiert werden. Hersteller moderner CAD-Systeme bieten zunehmend Schnittstellen an, die als Zusatzmodul zum CAD-System VR-Modelle der Geometriedaten erzeugen. Diese Module werden es dem Konstrukteur in Zukunft erlauben, quasi per Mausklick ein VR-Modell seiner Konstruktion zu erstellen.

6.3 Hard- und Softwarebasis

Für die Generierung virtueller Umgebungen ist es notwendig, neben der entsprechenden Simulationssoftware geeignete Peripheriegeräte und Computerhardware zu benutzen. Um 3D-Objekte nicht nur in Echtzeit zu simulieren, sondern auch mit ihnen zu interagieren, sind leistungsfähige Hard- und Softwarekomponenten notwendig. Auf der Hardwareseite werden neben Hochleistungs-Grafikrechnern auch spezielle Datenendgeräte, wie z. B. Datenhelm, Datenhandschuh und Tracker benötigt. Um die einzelnen Geräte effektiv zu nutzen und ein Echtzeitverhalten zu erzeugen, müssen entsprechend hochentwickelte Programmpakete eingesetzt werden. Kommerzielle Programmpakete, die neben der computergrafischen Datenaufbereitung auch die Anbindung verschiedener VR-Ein- und Ausgabegeräte unterstützen, weisen nicht nur Mängel im Geschwindigkeitsbereich auf, sondern können auch nicht nach speziellen Bedürfnissen der Benutzer erweitert werden /99/. Für die Implementierung der in Kapitel 4 beschriebenen Funktionen wurde daher das am Fraunhofer-Institut für Arbeitswirtschaft und Organisation entwickelte Programmpaket *Lightning* /6/, /99/ eingesetzt. Lightning erlaubt die softwaretechnische Integration von Interaktionsgeräten mit verschiedensten Ausgabegeräten. Es wurde mit der Programmiersprache C/C++ und der 3D-Echtzeitgrafikbibliothek IRIS PERFORMER der Firma Silicon Grafics (SGI) entwickelt. Hierdurch kann eine optimale Anpassung an die SGI Hochleistungsgrafik-Workstations gewährleistet werden, die im High-End 3D-Echtzeit-Visualisierungsbereich fast ausschließlich zu finden sind.

Kern des Programmpakets Lightning ist das Lightning Basissystem, das die Integration der Interaktionsgeräte und die Steuerung der VR-Anwendung sicherstellt. Das Basissystem kann unterschiedliche polygonale Datenformate einlesen und verwalten. Über die Anwendermodulverwaltung können anwenderspezifische Programmteile angekoppelt und verwaltet werden. Die in Kapitel 4.2 und 4.3 entwickelten Interaktionsalgorithmen zur Gestaltung von Montagetätigkeiten wurden als eigenständige Anwendermodule an das System gekoppelt. Vom entwickelten Anwendermodul werden u. a. die Objektpositionen der polygonisierten Montageobjekte gelesen und entsprechend der in Kapitel 4.2.1 beschriebenen Vorgehensweise verwaltet. Rückmeldungen aus dem Basissystem über die Kollision von Montageobjekten werden verarbeitet und entsprechend in Montageoperationen umgesetzt. Bild 47 zeigt die Systemarchitektur und wesentliche Softwarekomponenten des VR-Systems Lightning.

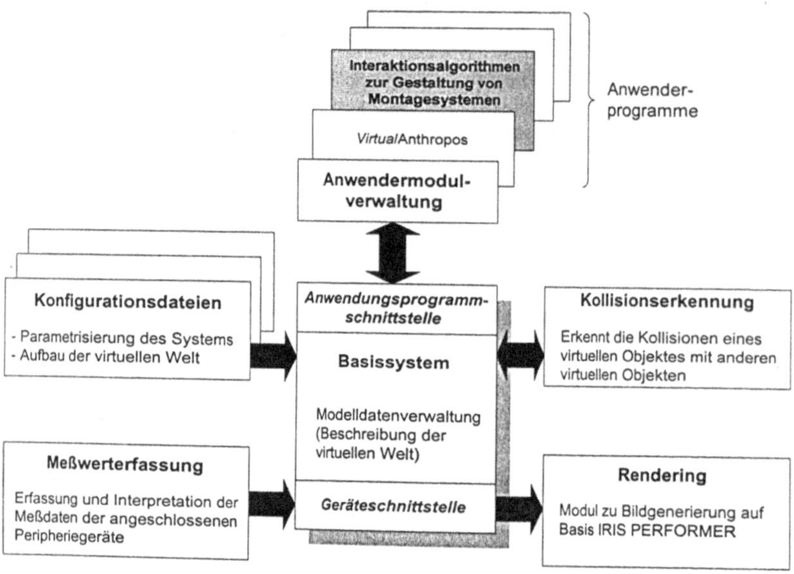

Bild 47: Systemarchitektur und wesentliche Softwarekomponenten des VR-Systems Lightning (nach /6/ und /99/)

Die Implementierung der Auswertealgorithmen erfolgte mit der Programmiersprache C/C++ und ist nicht Bestandteil des VR-Softwaresystems. Die Funktionalitäten des Montagevorranggraphenbrowsers sowie der entsprechenden Oberfläche wurde mit der Interpretersprache *Tcl* und des GUI-Prototypingwerkzeugs *Tk* /87/ realisiert. Hierdurch konnte eine weitgehend hardwareunabhängige Auswerteoberfläche für die virtuelle Montageplanung realisiert werden.

6.4 Realisierung der Benutzungsschnittstelle

Ziel der Entwicklung des Montageplanungssystems ist es, dem Benutzer ein System mit einem hohen Immersionsgrad zur Verfügung zu stellen. Die vom Benutzer virtuell durchgeführten Montagevorgänge sollen möglichst realistisch im System abgebildet werden.

6.4.1 Geeignete Interaktionsgeräte für die virtuelle Montage

Ziel der Auswahl eines geeigneten Eingabe- und Interaktionsgerätes ist, die Grundbewegungen nach MTM möglichst genau abzubilden. Dies sollte sowohl für ein- als auch beidhändige Bewegungen gelten. Geräte, die eine 3D-Eingabe ermöglichen sind:

- Datenhandschuh,
- Spaceball und
- Flying Joystick.

Diese unterschiedlichen Geräte ermöglichen 3D-Interaktionen und werden vom VR-System unterstützt. Um den natürlichen Montagevorgängen möglichst nahe zu kommen, bietet sich die Anwendung eines Datenhandschuhs an, mit dem die natürlichen Greifbewegungen vom Benutzer intuitiv durchgeführt werden. Zur Dateneingabe wird ein vom VR-System zur Verfügung gestelltes Gestenerkennungsprogramm benutzt, das erlaubt die Benutzergesten zu interpretieren und die entsprechenden Interaktionen durchzuführen. Tabelle 6 zeigt eine Übersicht über die Interaktionsgesten. Die VR-Interaktionen stimmen mit den Grundbewegungen des MTM-Grundverfahrens überein. Die jeweiligen Handzeichen legen die Funktionalität der VR-Bewegungen mit entsprechender Gestik fest. Das Greifen ist beispielsweise eindeutig durch die gestreckten Daumen- und Zeigefinger festgelegt. Um die einzelnen Tätigkeiten eindeutig zu bestimmen, ist es notwendig, sie mit Bedingungen zu verknüpfen. Für das Bringen gilt z. B. die Bedingung, daß sich ein Montageobjekt in der greifenden Hand befinden muß. Wenn die Interaktion durch Spaceball oder Flying Joystick erfolgt, können die gewünschten Benutzeraktionen über Funktionstasten auf der Tastatur ausgeführt werden.

Kriterien für Greifgesten \ Grundbewegungen	Hinlangen (Reach)	Greifen (Grasp)	Bringen (Move)	Fügen (Position)	Loslassen (Release)	Trennen (Disengage)	Drehen (Turn)	Pause	Operation beenden
Kurzzeichen	*R*	*G*	*M*	*P*	*RL*	*D*	*T*	-	-
Handzeichen									
Daumen gestreckt	●	●	●	●	●	○	○	●	●
Zeigefinger gestreckt	●	●	●	●	●	●	●	○	○
Mittelfinger gestreckt	●	○	○	●	●	○	●	○	○
Ringfinger gestreckt	●	○	○	○	●	○	○	○	○
Kleiner Finger gestreckt	●	○	○	○	●	○	○	○	○
Zusatzbedingungen									
Hand leer	●	○	○	○	○	○	○	○	○
Hand mit Montageobjekt	○	○	●	●	●	●	○	○	○

Legende: ● trifft zu ○ trifft nicht zu

Tabelle 6: Gesten zur interaktiven Steuerung der Benutzerinteraktionen mittels Datenhandschuh

6.4.2 Menschmodell als Interaktionsmedium

Für Planungsaufgaben im Gegenstandsbereich der Ablaufplanung manueller Montagevorgänge ist es wichtig, den Mensch als Einflußgröße mit in die Analyse einzubeziehen. Ein Beispiel hierfür ist die Beurteilung der Montierbarkeit unter Berücksichtigung eingeschränkter Raumökonomie. Die dreidimensionale Darstellung der bestimmenden, anthropometrischen Größen eines Menschen kann mit Hilfe leistungsfähiger Grafikrechner durchgeführt werden. Ein Überblick über vorhandene und in Entwicklung befindliche Modelle wird in /6/, /66/ und /89/ ausführlich gegeben. Durch anthropometrische Modelle, die in dreidimensionaler Form die Gelenkelemente des menschlichen Körpers als Strich- oder Volumenmodelle abbilden, werden die Struktur, Funktion und bestimmenden Merkmale des Körpers abgebildet. Über eine kinematische Kopplung der Gelenkelemente mit einer definierten Beschreibung der Gelenkstelle wird versucht, die Bewegungsmöglichkeiten des menschlichen Körpers zu erhalten /89/. Die bisherigen Einsatzschwerpunkte der vorgestellten Modellansätze liegen überwiegend in der Auslegung ergonomischer Fahrerpositionen, im Bereich des Automobilbaus oder in der Cockpitgestaltung von Flugzeugen. LAY /66/ und PFRANG /89/ stellen Verfahren vor, in denen Anthropometriemodelle zur ergonomischen Auslegung manueller Arbeitsplatzsysteme benutzt werden.

Insbesondere für die Echtzeitanwendungen der virtuellen Realität sind die auf dem Markt befindlichen Menschmodelle nur bedingt geeignet. Aus diesem Grund wurde das am Fraunhofer IAO entwickelte virtuelle Menschmodell *Virtual*ANTHROPOS in das System eingebunden. Das Menschmodell basiert auf dem von LIPPMANN /70/ entwickelten Anthropometriemodul ANTHROPOS und ist in der Lage, den Menschen biokinematisch korrekt darzustellen. Die Besonderheit von *Virtual*ANTHROPOS liegt darin, daß der Benutzer quasi in den virtuellen Körper schlüpft und ihn direkt steuert. Dabei werden die Positionen der Hände und Füße, des Kopfs und des Rumpfs einhundert mal pro Sekunde mit elektromagnetischen Sensoren erfaßt. Die Meßwerte bilden die Simulationsgrundlage, deren Ergebnis die grafische Repräsentation des virtuellen Menschen ist. Workstations mit entsprechender Grafikleistung sind in der Lage, die Simulation als flüssige, in Echtzeit gerechnete Bewegung darzustellen.

Bild 48 zeigt den Benutzer sowie sein virtuelles Abbild bei sitzenden Montageuntersuchungen. Die Positionserfassung der Hände und des Kopfes erfolgt über Positionsgeber, sogenannte Tracker. Rechts im Bild ist das Benutzersichtfeld abgebildet. Die Baukomponenten sowie das Abbild des virtuellen menschlichen Körpers werden über ein HMD stereoskopisch für den Benutzer dargestellt. Somit hat der Benutzer den Eindruck, selbst Teil der virtuellen Szene zu sein. Ein externer Betrachter kann die Montagevorgänge des Menschmodells verfolgen.

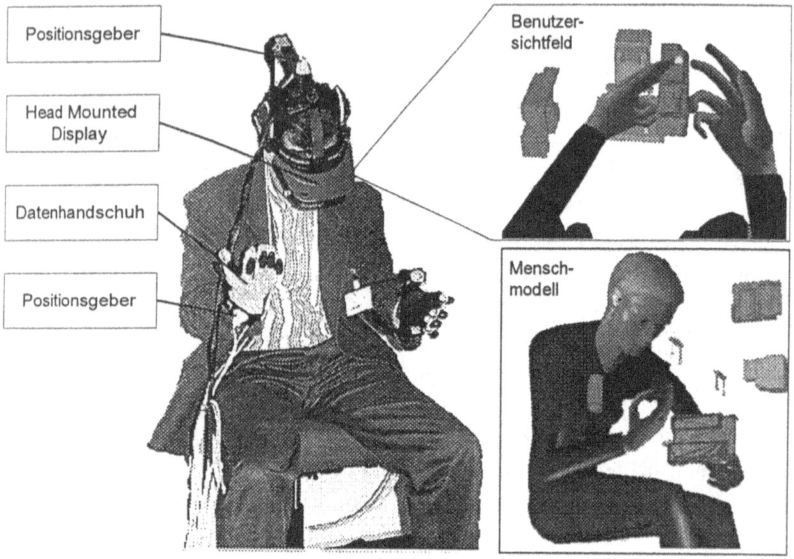

Bild 48: Menschmodell als Interaktionsmedium für die virtuelle Montage

6.5 Konzeption und Funktionalität des Montagevorranggraphenbrowsers

Mittels des Montagevorranggraphenbrowsers soll es dem Planer ermöglicht werden, Informationen über die hierarchische und ablaufbedingte Struktur eines Vorranggraphen sowie über die darin enthaltenen Tätigkeiten in beliebiger Detaillierung abzurufen. Die Generierung des Montagevorranggraphen verläuft nach dem in Kapitel 5.4 beschriebenen Verfahren. Die Datenübertragung zwischen dem VR-System und dem Auswertungssystem erfolgt in Form eines sogenannten Bewegungsprotokolls. In diesem Bewegungsprotokoll sind die Grundvorgänge, entsprechende Informationen über das gegriffene Objekt sowie notwendige Objekt- und Körperpositionen erfaßt (vgl. Kapitel 5.2). Diese Informationen werden entsprechend den in Kapitel 5 beschriebenen Aggregationsschritten zu Montagevorgängen verdichtet und in Form einer Tätigkeitsliste dem Vorranggraphenbrowser zur Verfügung gestellt.

Für die virtuelle Montageplanung wird ein Produktmodell benötigt, das es erlaubt, verschiedene Sichten des Planungsobjekts widerzuspiegeln. Insbesonsondere muß sowohl die Teilesicht als auch die Tätigkeitensicht in dem Modell integriert sein. Dies wird dadurch gewährleistet, daß Baukomponenten der Stückliste durch Verweise auf die erzeugenden Tätigkeiten verbunden werden. Ebenfalls in das Datenmodell integriert sind Informationen über Verbindungen von Baukomponenten und benötigte Betriebsmittel. Die einzelnen Daten sind in Form eines Entity-Relationsship-Modells in Objektklassen aufgeteilt und im Anhang B beschrieben.

Die Funktionalität des Vorranggraph-Browsers wird durch die Menüpunkte in einzelnen Fenstern bestimmt. Der Zusammenhang zwischen den einzelnen Fenstern des Browsers und den ausgewählten Funktionen wird in Bild 49 gezeigt.

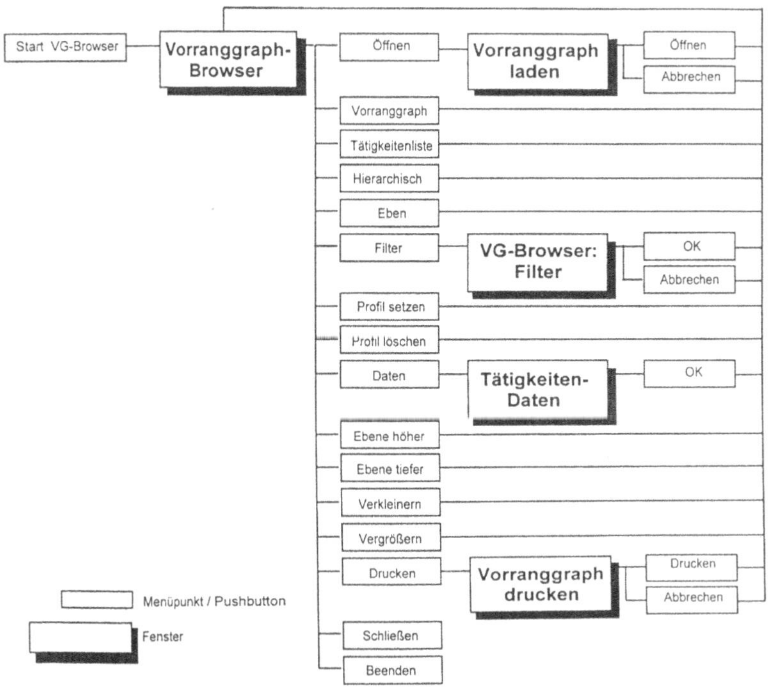

Bild 49: Fenster/Funktionen-Diagramm

Der Benutzer hat die Option, die erzeugte Tätigkeitsstruktur als Vorranggraph darzustellen. Dies geschieht in Form von durch Linien miteinander verbundenen Tätigkeitenknoten. Der Graph ist von links nach rechts gerichtet. Damit eine (möglichst) kreuzungsfreie Darstellung des Vorranggraphen erreicht wird, müssen zunächst die Tätigkeitenknoten entsprechend angeordnet werden. Dazu werden aus den in der Datenbank enthaltenen, relativen Spalten- und Zeilenangaben für jede Tätigkeit des darzustellenden (Teil-) Graphen, unter Berücksichtigung der Vorgänger-/Nachfolgerbeziehungen, die absoluten Werte ermittelt.

Ein Tätigkeitenknoten beinhaltet mehrere Informationsfelder, die Tätigkeitenidentifikation, den Tätigkeitentext, die Montagezeit, einen Profilkenner und einen Hierarchiekenner (Bild 50).

- Die *Tätigkeitenidentifikation* dient der eindeutigen Identifizierung einer Tätigkeit innerhalb der Struktur bzw. der Datenbank.
- Der *Tätigkeitentext* beschreibt den Inhalt der Tätigkeit, ist vom Benutzer frei wählbar und kann über das "Daten"-Fenster editiert werden.
- Die *Montagezeit* gibt den Arbeitsumfang der Tätigkeit an.
- Der *Profilkenner* zeigt an, ob die Tätigkeit bei Wahl einer "ebenen" Darstellung gezeigt werden soll oder nicht. Bei gesetztem Profil erscheint in dem Feld ein **P,** sonst bleibt das Feld leer.
- Der *Hierarchiekenner* zeigt an, ob die Tätigkeit weiter untergliedert ist (ein Pfeil wird angezeigt) oder ob es sich um eine nicht weiter untergliederte Tätigkeit handelt (das Feld bleibt leer).

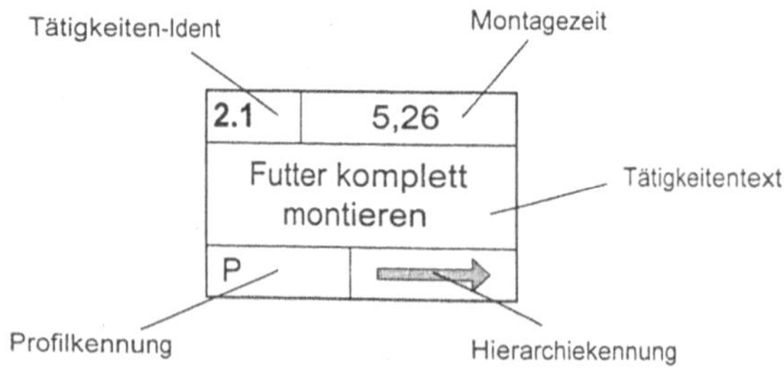

Bild 50: Tätigkeiten-Knoten

Der Benutzer hat durch Wahl der entsprechenden Menüpunkte die Option, den Vorranggraphen im Browser hierarchisch darzustellen. Das bedeutet, daß nur solche Tätigkeiten gezeigt werden, die sich auf derselben Hierarchieebene befinden und eine gemeinsame übergeordnete Tätigkeit besitzen.

Entsprechend der Darstellung als hierarchischer oder ebener Vorranggraph gibt es auch eine hierarchische und eine ebene Listendarstellung. Im Unterschied zur Darstellung als hierarchischer Vorranggraph können bei der hierarchischen Liste alle enthaltenen Hierarchieebenen gezeigt werden (Bild 51). Durch Auswahl des Menüpunkts "Vorranggraph" innerhalb des "Darstellung"-Menüs wird die geladene Tätigkeitenstruktur als Vorranggraph dargestellt.

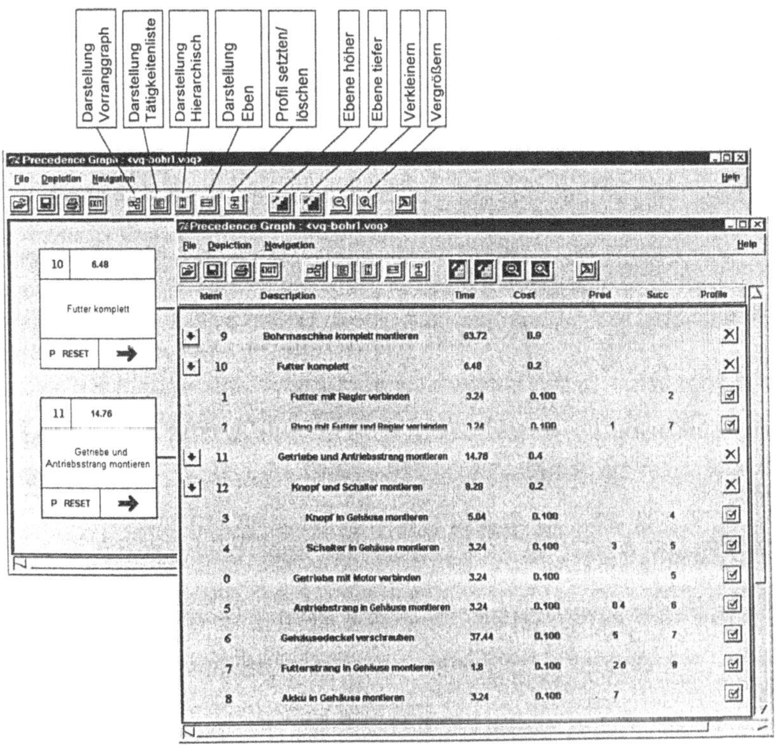

Bild 51: Benutzungsoberfläche des Montagevorranggraphenbrowsers

7 Anwendungsbeispiele

Die exemplarische Anwendung des entwickelten Systems zeigt, daß konkrete Planungsaufgaben im Sinne der Aufgabenstellung erarbeitet werden können. Das Praxisbeispiel „Aufzugmontage“ beschreibt den Einsatz des Systems bei der Planung des Montageablaufes eines komplexen Produktes unter Berücksichtigung der Montageumgebung. Anhand des Fallbeispiels „Endmontage einer Elektrobohrmaschine“ wird gezeigt, wie Aussagen über die Montagezeit und die Montagereihenfolge getroffen werden können. Die Beispiele wurden am Fraunhofer-Institut für Arbeitswirtschaft und Organisation bearbeitet.

7.1 Prinzipieller Planungsablauf

Der Planungsablauf für die Durchführung der virtuellen Montage ist in Bild 52 dargestellt. Im Planungsabschnitt Datenaufbereitung erfolgt einerseits die Übertragung der Produktgeometrie aus CAD-Systemen, andererseits die manuelle Generierung einer Montageszene, indem die notwendigen Elemente modelliert und mit den virtuellen Bauteilen in die Montageumgebung eingebunden werden.

Die Durchführung des interaktiven Montageablaufs erfolgt so intuitiv wie möglich. Der Benutzer greift das einzubauende Bauteil mit Hilfe des Datenhandschuhs und plaziert es. Damit kann der Benutzer überprüfen, ob das Bauteil in einer stabilen Position eingebaut werden kann oder ob es noch entsprechend für den Einbau fixiert werden muß. Der Benutzer wählt, je nach Art der Verbindung, ein Montagemittel aus und montiert das Bauteil.

Typisches Beispiel für die Auswahl eines Montagemittels ist das Montieren eines Teiles mit der Verbindungsart Schrauben. Hier werden dem Planer verschiedene Montagemittel wie Handschrauber, Akkuschrauber, Preßluftschrauber usw. zur Verfügung gestellt. Der Planer wählt diese Montagemittel aus und führt damit den Montagevorgang virtuell durch.

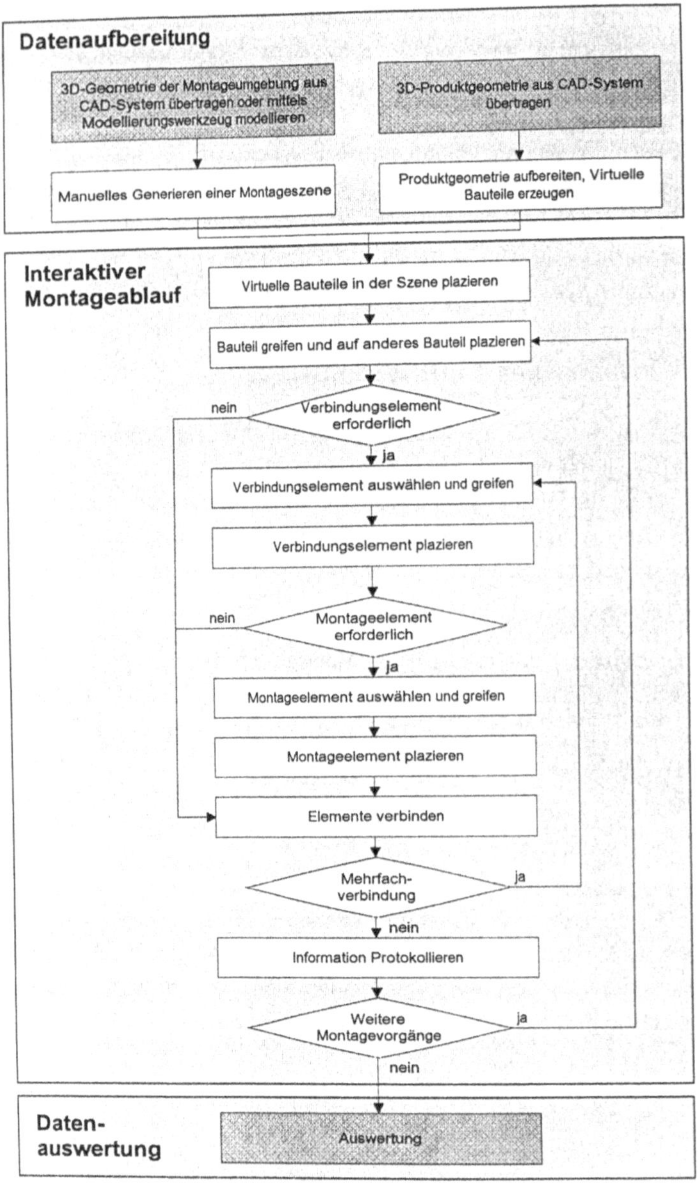

Bild 52: Prinzipieller Planungslauf der virtuellen Montage

Zur Überprüfung der Zugänglichkeit bei Reparaturen besteht zudem die Möglichkeit, Bauteile zu demontieren. Hierzu müssen die vorhandenen Verbindungen mit den notwendigen Montagemitteln gelöst und das Bauteil entfernt werden.

Nach Beenden der Montagevorgänge können die erzeugten Informationen über eine Schnittstelle an die Auswertung übertragen und in Form von Tätigkeiten und Montagevorranggraphen dargestellt werden. Optional kann der Montageverlauf in Form eines Videos für Schulungszwecke dokumentiert werden.

7.2 Planung des Montageablaufs einer Aufzugkabine

Der industrielle Nutzen des Systems wurde im Rahmen der Neukonstruktion eines Personenaufzuges untersucht. Der Hersteller stellt Aufzüge und Fahrtreppen im Kundenauftrag her. Um auch in Zukunft gegenüber den Mitanbietern auf dem Markt konkurrenzfähig zu sein, ist es notwendig, die Montagekosten zu minimieren. Hierzu wurde vom Hersteller ein neuartiges Aufzugmodell sowie ein zugehöriges Montagekonzept entwickelt. Für die Konzeption und Überprüfung von Montagemethoden im Aufzugbau fehlen bislang unterstützende Werkzeuge und Methoden, da hier der Montageablauf sehr stark von dem Montageumfeld abhängt und der Bau realer Prototypen sowie der anschließende Einbau in eine prototypische Montageumgebung aus Kosten- und Zeitgründen in der Praxis unrealisierbar ist. Daher wurden bisher die Montageabläufe für neue Aufzugtypen zwangsläufig erst bei den ersten Kundeninstallationen überprüft, um anschließend die Abläufe zu optimieren und teilweise konstruktive Änderungen vorzunehmen. Um den Einbau des neuen Aufzugs vorab zu simulieren, das Montagekonzept zu evaluieren und Optimierungen ableiten zu können, wurden die notwendigen Aufzugteile als virtuelle Montageelemente abgebildet und die Montagetätigkeiten in einer virtuellen Arbeitsumgebung interaktiv durchgeführt.

Die Lösung der Planungsaufgabe erfolgte in den Schritten:

1. **Modellierung der Kabineneinzelteile, Montagemittel, Vorrichtungen und einer typischen Arbeitsumgebung in der virtuellen Realität.**

   Zur Modellierung wurden die beim Hersteller vorhandenen CAD-

Zeichnungen, Skizzen, Montagepläne sowie weitere Informationen über das Montagelayout eines typischen Aufzuges benutzt. Die zu montierenden Produkte, Werkzeuge und Vorrichtungen wurden modelliert und in VR visualisiert. Die zu betrachtenden Werker im Gegenstandsbereich wurden mit Hilfe von *Virtual*ANTHROPOS in VR abgebildet.

2. Modellierung einer typischen Arbeitsumgebung für die Aufzugmontage

Grundlage der interaktiven Montagesimulation ist die Modellierung des zu montierenden Produktes sowie des Montageumfelds. Hierzu wurde ein typisches Montageumfeld nach Absprache mit dem Hersteller in VR modelliert. Dieses Montageumfeld stellt die Randbedingungen und räumlichen Gegebenheiten bei einer typischen Aufzugsmontage dar. Bild 53 zeigt die modellierte Arbeitsumgebung sowie Teile des modellierten Produktes.

Bild 53: Modellierter Aufzugschacht (linke Bildhälfte) und modellierte Aufzugtür in zusammengebautem Zustand

3. Interaktive Montagesimulation

Gemeinsam mit den Projektmitarbeitern des Herstellers wurden verschiedene Montageszenarien simuliert. Hierbei wurden die Montageabläufe erfaßt und Hinweise für Optimierungen der Montagemethode abgeleitet. Die modellierten Montagemittel- und Handlingseinrichtungen wurden in die interaktive Simulation mit eingebunden. Bild 54 und Bild 55 zeigen Ansichten der virtuellen Aufzugmontage sowie deren Umsetzung in der Realität.

4. Auswertung der Montagesimulation

Die im Rahmen der interaktiven Simulation aufgenommenen Planungsdaten wurden mit Hilfe der in der Arbeit beschriebenen Softwaretools ausgewertet und der Zeitbedarf für die Montage ermittelt.

Durch die interaktive Überprüfung der Zugänglichkeit von Verbindungsstellen konnten Hinweise für eine Optimierung der Befestigungen u. a. der Türseitenteile und des Teleskopelements gegeben werden.

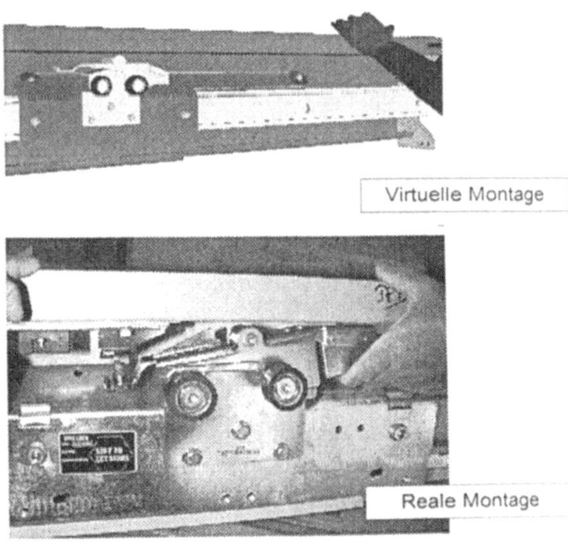

Bild 54: Virtuelle und reale Montage des Teleskopelements

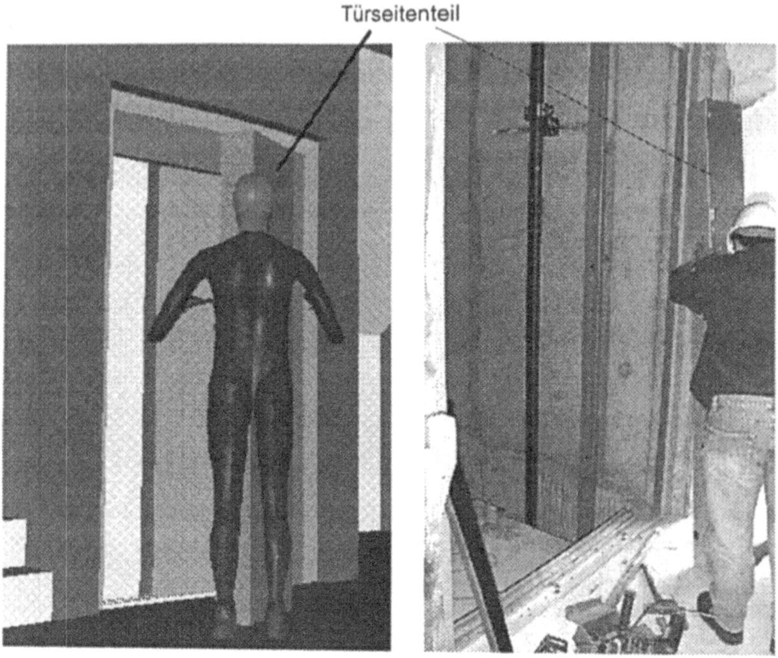

Bild 55: Virtuelle (linke Bildhälfte) und reale Montage des Türseitenteiles

7.3 Fallbeispiel Bohrmaschinenmontage

Um das Verfahren für die Abbildung von Montagetätigkeiten für Serienprodukte zu überprüfen, wurde das Fallbeispiel Bohrmaschinenmontage gewählt. Im Fallbeispiel wurden die virtuellen Einzelteile auf einer Tischplatte plaziert. Der Benutzer hatte nun die Möglichkeit, die einzelnen Bauteile mit Hilfe des Systems interaktiv in virtueller Realität zusammenzubauen.

Die Werkzeugauswahl sowie die Bereitstellung von Verbindungselementen erfolgte hier mit Hilfe von zwei virtuellen Bereitstellbehältern (Bild 56), die als Quelle und Senke für Werkzeuge und Verbindungselemente fungierten. Die Auswahl des gewünschten Elements wurde über eine Menüleiste am Behälter gesteuert. Durch anschließendes Greifen in den Behälter konnte das Element entnommen werden.

Bild 56: Bereitstellbehälter für Verbindungselemente

Bild 57 zeigt die Situation zu Beginn des Montageversuchs. Die Abbildung der Montagetätigkeiten erfolgt unter Verwendung des Menschmodells als Interaktionsmedium. Der Benutzer sitzt am Montagetisch, hat die Bauteile räumlich vor sich und kann durch die im Kapitel 6.4.1 beschriebenen Gesten die virtuellen Bauteile greifen und unter Verwendung von Verbindungselementen und Montagemitteln den virtuellen Prototyp der Bohrmaschine zusammenbauen.

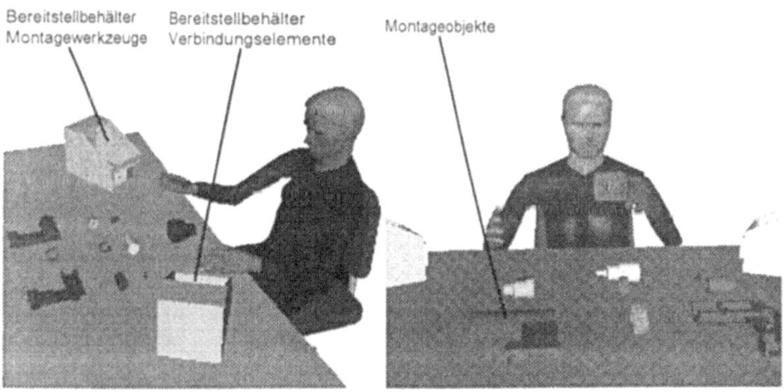

Bild 57: Beginn der Montage

Das Plazieren von Bauteilen unter Verwendung des Menschmodells als Interaktionsmedium ist in Bild 58 dargestellt.

Bild 58: Plazieren von Bohrmaschinenteilen

Die erfaßten Grundvorgänge wurden mittels des in Kapitel 5 beschriebenen Verfahrens zu Teilverrichtungen aggregiert und in Form eines Vorranggraphen ausgewertet. Bild 59 zeigt die Oberfläche des Montagevorranggraphenbrowsers mit dem erzeugten Montagevorranggraphen des Fallbeispiels Bohrmaschinenmontage.

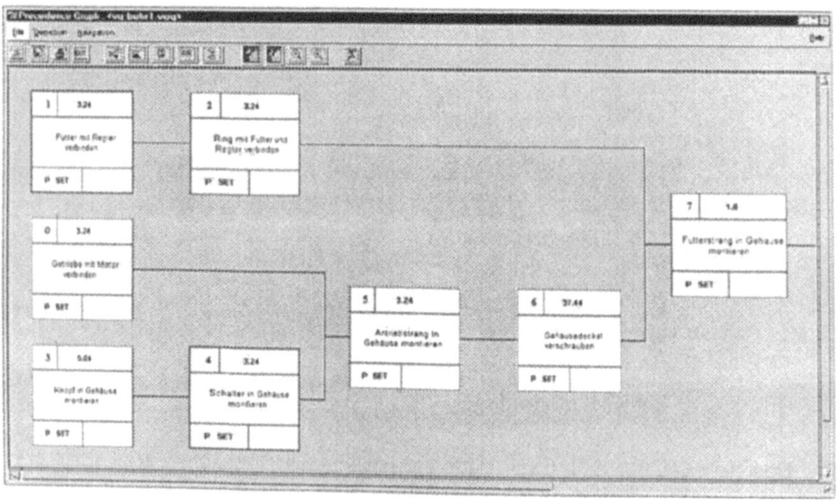

Bild 59: Erzeugter Montagevorranggraph

8 Zusammenfassung und Ausblick

Die Produktentwicklungen in der Industrie müssen in immer kürzeren Intervallen stattfinden, damit die Unternehmen konkurrenzfähig bleiben. Dabei umfaßt die Produktentwicklung die Funktionsbereiche Produktplanung/Produktmarketing, Entwicklung/Konstruktion und Arbeitsplanung /11/. Als Basis für Entscheidungen und Konstruktionsüberprüfungen während der Produktentwicklung von Serienprodukten sind heute üblicherweise noch mehrere teure Prototypen erforderlich, bevor ein Produkt seine endgültige Gestalt erreicht hat. In der vorliegenden Arbeit werden die aktuellen Tendenzen beschrieben, diese realen Prototypen durch virtuelle Prototypen zu ersetzen, um so den Produktentwicklungsprozeß zu beschleunigen, indem diese Prototypen u. a. zur Montageplanung eingesetzt werden.

Ein Vergleich rechnerunterstützter Verfahren zur Montageablaufplanung zeigt, daß die vorhandenen Lösungen keine ausreichende Planungsfunktion hinsichtlich der Montagegrobplanung bieten. Insbesondere die Einbeziehung von Montageraum, Montagemittel und komplexer Fügerichtung wird ungenügend angesprochen. Eine Lösung hierfür ist die Verwendung von virtueller Realität als unterstützendes Medium für die Montageablaufplanung. In Kapitel 2 wird aufgezeigt, daß bis dato geeignete Verfahren fehlen, mit denen Montagetätigkeiten in virtueller Realität gestaltet und ausgewertet werden können, um so die Planung des Montageablaufs für komplexe Produkte, basierend auf virtuellen Prototypen, durchzuführen.

Basierend auf die Technik der virtuellen Realität wurde im Rahmen dieser Arbeit eine Methode entwickelt, die virtuellen Prototypen zur interaktiven Montage zu nutzen. Hiermit besteht die Möglichkeit, manuelle Montagetätigkeiten prospektiv zu planen und diese Ergebnisse für weitere Planungsschritte zur Verfügung zu stellen.

Für die Umsetzung der Methode wurden Interaktionstechniken konzipiert, die dem Planer die Möglichkeit geben, die Produkte in einer virtuellen Umgebung zu montieren. Algorithmen für die Durchführung von Greif-, Beweg- und Fügeoperationen der virtuellen Bauteile wurden entwikkelt. Zur realistischen Durchführung von Montageoperationen wurden neben der Abbildung von virtuellen Bauteilen ebenso virtuelle Verbindungselemente und Montagemittel im System mit betrachtet. Die Interaktion mit den Montageobjekten erfolgte sowohl mit konventionellen 3D-Interaktionsgeräten als auch mit einem virtuellen Menschmodell.

Die Durchgängigkeit der Planung wurde dadurch gewährleistet, daß die Ergebnisse der interaktiven Montage in VR für weitere Planungsschritte ausgewertet und zur Verfügung gestellt wurden. Auf Basis der Methode vorbestimmter Zeiten wurden hierzu Aggregationsalgorithmen entwickelt, um die erfaßten Vorgangselemente zu Vorgangsstufen zu verdichten und Montagezeiten zuzuordnen. Die Vorgangsstufen konnten mit Hilfe des entwickelten Konzeptes als Teilverrichtungen sowie in Form eines Montagevorranggraphen dargestellt werden. Aufbauend auf die in der Arbeit vorgestellten Konzepte und Methoden wurden die beschriebenen Algorithmen prototypisch in Form eines Rechnerprogramms umgesetzt, das den Konstrukteur und den Planer bei der methodischen Montagegrobplanung unterstützt. Die prinzipielle Tauglichkeit des Systems konnte in zwei Problemstellungen aus der Praxis verifiziert werden.

Zukünftige Weiterentwicklungsmöglichkeiten sind insbesondere im Hinblick auf die realistische Interaktion des Benutzers mit den Montageobjekten zu sehen. Hier bestehen Entwicklungsmöglichkeiten bei der Realisierung von 3D-Benutzerschnittsstellen, die dem Benutzer einen einfacheren Umgang mit dem VR-Modell ermöglichen. Die auf dem Markt befindliche Interaktions-Hardware bietet noch ein wesentliches Verbesserungspotential bzgl. des Feedbacks für den Benutzer, besonders bei Kraftrückkopplung, Haptik und Tracking der Benutzerbewegungen. Durch die Abbildung von physikalischen Eigenschaften wie Reibung und Schwerkraft von Montageobjekten kann der Wahrnehmungsgrad für den Benutzer weiter gestärkt werden.

Mit dem virtuellen Planungstool wird eine effiziente Kommunikationsplattform vorgestellt, die den Wissensaustausch unterschiedlicher Mitarbeiter im Planungsteam fördert. Damit ist eine kosteneffiziente Planung und Überprüfung von Montagevorgängen möglich. Die durchgeführten Montageoperationen können zudem aufgezeichnet und z. B. für Schulungszwecke verwendet werden. Mit dem hier vorgestellten System wurde eine Grundlage zur Gestaltung und Auswertung virtueller Montagetätigkeiten geschaffen. Aus dem Praxiseinsatz und den aufgezeigten Entwicklungsmöglichkeiten bietet sich eine Basis für die zukünftige Entwicklung weiterer Anwendungen.

9 Schrifttum

/1/ Ammer, E.-D.:
Rechnerunterstützte Planung von Montageablaufstrukturen für Erzeugnisse der Serienfertigung.
Berlin u.a.: Springer, 1985.
Zugl. Stuttgart, Universität, Diss., 1985.

/2/ Andreasen, M.M.; Kähler, S.; Lund, T.:
Design for assembly.
Berlin u.a.: Springer Verlag, 1985.

/3/ Aukstakalnis, S.; Blatner, D.:
Silicon Mirage: The Art and Science of Virtual Reality.
Berkley: Peachpit Press, 1992.

/4/ Barber, C. B.; Dobkin, D. P.; Huhdanpaa, H. T.:
Modeling and Interaction Tools for Virtual Environments. The Quickhull Algorithm for Convex Hull.
In: Technical Report GCG53. Minneapolis: The Geometry Center, 1993.

/5/ Bäßler, R.:
Integration der montagegerechten Produktgestaltung in den Konstruktionsprozeß.
Berlin u.a.: Springer, 1988.
Zugl. Stuttgart, Universität, Diss., 1987.

/6/ Bauer, W.:
Entwicklung eines Systems zur virtuellen ergonomischen Arbeitsgestaltung.
Berlin u.a.: Springer, 1997.
Zugl. Stuttgart, Universität, Diss., 1997.

/7/ Bauer, W.; Breining, R; Rößler, A.:
Co-operative Virtual Planning and Design.
In: Virtual Reality. Anwendungen und Trends: IAO Forum, 9.-10. Februar 94, Stuttgart/ Hrsg. von H.-J. Warnecke, H.-J. Bullinger.
Berlin u.a.: Springer-Verlag, 1994.

/8/ Bauer, W.; Bues, M.; Riedel, O.:
CIA-Tool: Kooperativ-interaktives Planen in virtuellen Räumen.
In: Virtual Reality World '95, 21.-23. Februar 1995, Stuttgart.
München: Computerwoche Verlag, 1995.

/9/ Becks, C.; Bokranz, R.:
MTM - Entwicklung und Anwendung.
In: Schriftenreihe des Instituts für angewandte Arbeitswissenschaft e.V.
Köln: IfaA, 1983.

/10/ Beier, E. (Hrsg.):
Objektorientierte 3D-Grafik: Grundlagen, Konzepte und praktische Realisierung.
Bonn, Albany u.a.: International Thomson Publishing, 1994.

/11/ Berliner Kreis – Wissenschaftliches Forum für Produktentwicklung e.V.: Kurzbericht über die Untersuchung: Neue Wege zur Produktentwicklung. Eine Untersuchung im Rahmenkonzept „Produktion 2000"/ Hrsg. Projekträgerschaft Fertigungstechnik und Qualitätssicherung. Karlsruhe: Forschungszentrum Karlsruhe, März 1997.

/12/ Betsos, G.; Heger, R.:
Visualisation of CAD Models in a Virtual Reality Environment.
In: Proceedings of the Conference Circuits, Systems and Computers '96, 15.-17. Juli 1996, Piraeus. Hellenic Naval Academy, 1996.

/13/ Bokranz, R.:
Arbeitswissenschaft – Zeitaufnahme und weitere Techniken; Systeme vorbestimmter Zeiten; Multimomentaufnahme, Zeitberechnungsunterlagen. Teil 2.
In: Fachkaufmann für das Personalwesen/ Hrsg. von E. Gaugler und W. Weber.
Wiesbaden: Gabler-Verlag, 1978, S. 107-132.

/14/ Boothroyd, G.; Dewhurst, P.:
Design for assembly: Manual Assembly.
Machine Design 55 (1983) Nr. 28, S. 140-145.

/15/ Boothroyd, G.; Dewhurst, P.:
Design for assembly: Automatic Assembly.
Machine Design 56 (1984) Nr. 2, S. 87-92.

/16/ Brandt, C.; v. Bohuszewicz , O.; Ebbesmeyer, P.; Grafe, M.:
Gestaltung industrieller Leistungserstellungsprozesse mit Virtual Reality.
In: Fachgespräch Virtual Reality Anwendungen in der industriellen Produktion,
25.-26. Februar 1997, Paderborn.
Paderborn: Heinz Nixdorf Institut, 1997.

/17/ Braumann, K.-H.:
Neue Wege in der Fertigungsindustrie.
In: CAD-CAM Report 15 (1996) Nr. 3, S. 100 – 106.

/18/ Bronstein, I.N.; Semendjajew, K.A.:
Taschenbuch der Mathematik. 21. Aufl./ Hrsg. von G. Grosche, V. Ziegler, D. Zoegler. Thun; Frankfurt: Verlag Harry Deutsch, 1981.

/19/ Bryson, S.:
Survey of Virtual Environment Technologies and Techniques.
In: Computer Graphics, Proceedings of the ACM, Annual Conference Series.
Chicago: ACM Publishing, 1992, S. 1.1-1.35.

/20/ Buck, M.; Grebner, K.; Katterfeldt, H.:
Modeling and Interaction Tools for Virtual Environments.
In: Virtual Reality World '96, 13.-15. Februar 1996, Stuttgart.
München: Computerwoche Verlag, 1996.

/21/ Bullinger, H.-J. (Hrsg.):
Systematische Montageplanung: Handbuch für die Praxis / (REFA).
München, Wien: Hanser, 1986.

/22/ Bullinger, H.-J.:
Ergonomie: Produkt- und Arbeitsplatzgestaltung (Technologiemanagement).
Stuttgart: Teubner, 1994.

/23/ Bullinger, H.-J.; Bauer, W.:
Strategische Dimensionen der Virtual Reality (Teil 1 und 2).
In: Office Management 42 (1994) Nr. 3/4, S. 14-18/S. 14-20.

/24/ Bullinger, H.-J.; Fischer, D.; Wißler, K.:
Rapid Product Development: Schneller von der Idee zum innovativen Produkt.
In: Industrie Management 13 (1997) Nr. 1, S. 52 - 54.

/25/ Bullinger, H.-J.; Hase, B.:
Kundenorientiertes Qualitätsmanagement im FuE-Bereich: Daten, Fakten, Trends; Ergebnisse einer Unternehmensstudie in Deutschland.
Stuttgart: IRB Verl., 1996.

/26/ Bullinger, H.-J.; Heger, R.:
Interaktive Montageplanung in einer virtuellen Umgebung.
In: ZwF 92 (1997) Nr. 3 S. 92 - 95.

/27/ Bullinger, H.-J.; Müller-Spahn, F.; Rößler, A.:
Encouraging Creativity – Support of Mental Processes by Virtual Experience.
In: Virtual Reality World '96, 13.-15. Februar 1996, Stuttgart.
München: Computerwoche Verlag, 1996.

/28/ Bullinger, H.-J.; Warschat, J. (Hrsg.):
Concurrent simultaneous engineering systems: the way to successful product development.
Berlin u.a.: Springer, 1996.

/29/ Bullinger, H.-J.; Warschat, J.; Richter, R.:
Montagegerechter Erzeugnisentwurf auf der Basis objektorientierter Produktmodellierung.
In: VDI-Z 131 (1989) Nr. 11, S. 67 – 70.

/30/ Bürger, E.; Simon, F.:
Rechnergestützte Bewertung gerätetechnischer Baugruppen.
In: Feinwerktechnik 36 (1987) Nr. 2, S. 60 - 61.

/31/ Büttner, K.; Reinemuth, J.; Birkhofer, H.:
Effizienzsteigerung bei der rechnergestützten Konstruktionstätigkeit durch die Synthese aus CAD und Virtueller Realität.
In: Virtual Reality. Anwendungen und Trends: IAO Forum, 9.-10. Februar 94, Stuttgart/ Hrsg. von H.-J. Warnecke, H.-J. Bullinger.
Berlin u.a.: Springer-Verlag, 1994.

/32/ Connacher, H. I.; Jayaram, S.; Lyons, K.:
Virtual assembly design environment.
In: Computers in Engineering 1995, 15th AITEC: Annual ASME Engin. Database Symposium, 17- 20 September 1995, Boston USA.
New York: ASME, 1995, S. 875-885.

/33/ De Fazio, T.L.; Whitney, D.E.:
Correction to simplified generation of all mechanical assembly sequences.
In: IEEE Journal of Robotics and Automation 4 (1988) Nr. 6, S. 705 – 708.

/34/ De Fazio, T.L.; Whitney, D.E.:
Simplified generation of all mechanical assembly sequences.
In: IEEE Journal of Robotics and Automation RA-3 (1987) Nr. 6, S. 640 – 658.

/35/ Delchambre A.; Falkenauer, E.; Wafflard, A.:
Assembly Planning.
In: CAD-Method for Industrial Assembly: Concurrent Design of Products, Equipments and Control Systems/ Hrsg. von A. Delchambre.
New York u.a.: John Wiley & Sons, 1996.

/36/ Delchambre, A.:
Computer-Aided Assembly Planning.
London: Chapman & Hall, 1992.

/37/ Delchambre, A.; Fan, I.-S.; Falkenauer, E.; Heger, R.; Romanowicz, R.; Verdebout, E.; Wafflard, A.; Wallace, G.:
CAD-Method for Industrial Assembly: Concurrent Design of Products, Equipments and Control Systems/ Hrsg. von A. Delchambre.
New York u.a.: John Wiley & Sons, 1996.

/38/ Dini, G.; Santochi, M.:
Automated Sequencing and Subassembly Detection of Assembly Planning.
In: Annals of the CRIP 41 (1992) Nr. 1, S. 1 - 4.

/39/ Elmaraghy, H.A.; Laperrière, L.:
Modeling and Sequence Generation for Robotized Mechanical Assembly.
In: Robotics and Autonomous Systems.
North-Holland: Elsevier Science Publischers, 1992, S. 137 - 147.

/40/ Encarnacao, J.; Göbel, M.; Rosenblum, L.:
European Activities in Virtual Reality.
In: IEEE Computer Graphics & Application 14 (1994) Nr. 1, S. 23-34.

/41/ Esch, H.:
Arbeitsplanerstellung für die Montage - Ein Beitrag zur rechnerunterstützten Fertigungsunterlagenerstellung.
Aachen, RWTH, Diss., 1985.

/42/ Eversheim, W.:
Handhabungsgerechte Werkstückgestaltung für den Einsatz automatischer Handhabungseinrichtungen in Fertigung und Montage.
Forschungsbericht der Rheinisch-Westfälischen Technischen Hochschule Darmstadt, 1981.

/43/ Flaig, T.; Neugebauer, J.-G.; Däinghaus, R.:
Virtual Reality für die Robotersimulation und Off-line Programmierung.
CIM Management (1994) Nr. 10, S. 11-16.

/44/ Friedemann, T.:
Integration von Produktentwicklung und Montageplanung durch neue, rechnergestützte Verfahren.
Forschungsberichte aus dem Institut für Werkzeugmaschinen und Betriebstechnik der Universität Karlsruhe, Band 25, 1989.
Zugl. Karlsruhe, Universität, Diss., 1989.

/45/ Frommherz, B.; Hornberger, J.:
Automatische Erzeugung von Vorranggraphen.
In: Technische Rundschau 80 (1988) Nr. 24, S. 54-61.

/46/ Frommherz, B.; Werling, G.:
Grafische Spezifikationen von dreidimensionalen Szenen.
In: Technische Rundschau 81 (1989) Nr. 13, S. 94 - 103.

/47/ Gausemeier, J.; Sabin, A.; Lewe, W.:
Virtual Prototyping – Design and realistic presentation of industrial products.
In: IFIP 5.10 Workshop on Virtual Prototyping, Providence, Rhode Island, USA, 21.-23. September 1994.

/48/ Göbel, M.; Springer, J.:
Ergonomische Aspekte von VR.
In: Fachgespräch Virtual Reality Anwendungen in der industriellen Produktion, 25.-26. Februar 1997, Paderborn.
Paderborn: Heinz Nixdorf Institut, 1997.

/49/ Grabowski, H; Anderl, R.; Polly, A.:
Integriertes Produktmodell.
Hrsg. von H. J. Warnecke, R. Schuster und DIN Deutsches Institut für Normung e.V. Berlin; Wien; Zürich: Beuth Verlag, 1993.

/50/ Grafe, M.:
Gestaltung industrieller Prozesse mit Virtual Reality.
In: Fachgespräch Virtual Reality Anwendungen in der industriellen Produktion, 25.-26. Februar 1997, Paderborn.
Paderborn: Heinz Nixdorf Institut, 1997.

/51/ Grefen, K.; Flaig, T.; Neuber, D.:
Virtual Prototyping in Fabrikplanung und Anlagenbau.
In: Fachgespräch Virtual Reality Anwendungen in der industriellen Produktion, 25.-26. Februar 1997, Paderborn.
Paderborn: Heinz Nixdorf Institut, 1997.

/52/ Häfner, U.; Rößler, A.:
Nutzen objektorientierter Datenbanksysteme für virtuelle Planung.
In: Virtual Reality. Anwendungen und Trends: IAO Forum, 9.-10. Februar 94, Stuttgart/ Hrsg. von H.-J. Warnecke, H.-J. Bullinger.
Berlin u.a.: Springer-Verlag, 1994.

/53/ Herczeg, M.:
Software-Ergonomie: Grundlage der Mensch-Computer-Kommunikation.
Bonn u.a.: Addison-Wesley, 1994.

/54/ Heger, R.; Rössler, A:
Virtuelle Montageplanung.
In: Fertigung 22 (1994) Nr.6, S. 30-32.

/55/ Helms, W.:
Neuentwicklungen und Aktivitäten der Deutschen MTM-Vereinigung.
In: Mitteilungen des IfaA / Hrsg. von Institut für angewandte Arbeitswissenschaften. Köln: IfaA, 1980.

/56/ Holle, W.; Taubert, S.:
ILMOPRO - ein CAP-System zur Projektierung von Montageprozessen im Gerätebau.
Suhl: Bezirksverband der KdT, 1986.

/57/ Huck, M.:
Produktorientierte Montageablauf- und Layoutplanung für die Robotermontage.
Düsseldorf: VDI-Verlag, 1990.

/58/ Kandizora, B.:
CAD/CAM-System zur Planung und Simulation automatischer Montagevorgänge.
Fortschritts-Berichte VDI-Reihe 20, Nr. 9.
Düsseldorf: VDI-Verlag, 1988.
Zugl. Karlsruhe, Universität, Diss., 1988.

/59/ Kluth, K.:
Physiologische Kosten repetitiver Bewegungen an planzeitorientierten Montagearbeitsplätzen mit sitzender Tätigkeitsausführung.
Siegen: Höppner und Göttert, 1996.
Zugl. Siegen, Universität, Diss., 1996.

/60/ Ko, H.; Lee, K.:
Automatic Assembly Procedure Generation from Mating Conditions.
In: Computer Aided Design 19 (1987) Nr. 1, S. 3-10.

/61/ Kramer, S.:
Virtuelle Räume zur Unterstützung der featurebasierten Produktgestaltung.
München, Wien: Carl Hanser Verlag, 1994.
Zugl. Berlin, Technische Universität, Diss., 1994.

/62/ Krause, F.-L.; Ciesla, M.; Rieger, E.; Stephan, M.; Ulbrich, A.:
Features als semantische Objekte integrierter Prozeßketten.
In: Vorabdruck von CAD'94 – Produktdatenmodellierung und Prozeßmodellierung als Grundlage neuer CAD-Systeme, Paderborn.
Paderborn: Universität-GH, Heinz Nixdorf Institut 1994, S. 123-145.

/63/ Kress, H.:
Integration Aspects within a Virtual Prototyping Environment.
5th International Conference on Flexible Automation and Intelligent Manufacturing – FAIM'95, 28.-30. Juni, 1995, Stuttgart.

/64/ Kroll, E.; Lenz, E.; Wolberg, J.R.:
In: Artificial Intelligence in Design/ Hrsg. von D.T. Pham.
London: Springer, 1991, S. 125 - 145.

/65/ Kummetsteiner, G.:
3D-Bewegungssimulation als integratives Hilfsmittel zur Planung manueller Montagesysteme.
Technische Universität München, iwb, Forschungsberichte Band 66.
Berlin: Springer, 1993.
Zugl. München, Technische Universität, Diss., 1993.

/66/ Lay, K.:
Die Arbeitsraumgestaltung manueller Montagearbeitsplätze mit grafischen und wissensbasierten Methoden.
Berlin: Springer Verlag, 1988.
Zugl. Stuttgart, Universität, Diss., 1988.

/67/ Lay, K.; Menges, R.:
Arbeitsplatzgestaltung in der Montage rationalisieren.
In: AV 28 (1991) Nr. 5, S. 179-183.

/68/ Lee, G.:
Virtual Prototyping on Personal Computers.
In: Mechanical Engineering 117 (1995) Nr. 7, S. 70 – 73.

/69/ Lee, K.; Gossard, D.C.:
A Hierarchical Data Structure for Representing Assemblies: Part 1.
In: Computer Aided Design 17 (1985) Nr. 1, S. 21 - 24.

/70/ Lippmann, R.:
Planungsverfahren zur ergonomischen Gestaltung der Arbeit.
In: REFA-Nachrichten 44 (1991) Nr. 6, S. 12-19.

/71/ Lotter, B.:
Wirtschaftliche Montage: Ein Handbuch für Elektrogerätebau und Feinwerktechnik.
Düsseldorf: VDI-Verlag, 1986.

/72/ Lüddemann, J.:
Virtuelle Tonmodellierung zur skizzierenden Formgestaltung im Industriedesign.
Berlin: Fraunhofer Institut für Produktionsanlagen und Konstruktionstechnik, 1996.
Zugl.: Berlin, Technische Universität, Diss., 1996.

/73/ May, F; Stahl, T.:
Virtual Reality für Entwicklungs- und Produktionsprozesse bei Daimler-Benz.
In: Fachgespräch Virtual Reality Anwendungen in der industriellen Produktion, 25.-26. Februar 1997, Paderborn.
Paderborn: Heinz Nixdorf Institut, 1997.

/74/ Miyakawa, S.; Onashi, T.:
The Hitachi Assemblability Evaluation Method (AEM).
Conf. On Product Design for Assembly, Rochester, Michigan, 1986.

/75/ Moritzen, K.:
Montagegerechtes Entwerfen mit wissensbasierten Systemen.
ZwF 85 (1990) Nr. 5, S. 248 - 251.

/76/ Murray, J.D.; VanRyper, W.:
Encyclopaedia of Graphic File Formats.
Sebastopol, Calif.: O'Reilly, 1996.

/77/ Muschiol, M.:
Rechnergestützte Informationsbereitstellung für den Konstruktionsprozeß am Beispiel montageorientierter Gestaltungsrichtlinien.
München, Wien, Carl Hanser Verlag, 1988.
Zugl. Berlin, Technische Universität, Diss., 1988.

/78/ N.N.:
IBM 3D Interaction Accelerator User's Guide, 3. Aufl.
Poughkeepsie, N.Y.: IBM Corp., 1995

/79/ N.N.:
AnySIM Produktbeschreibung.
Dornach: AnySIM Simulationssysteme GmbH, 1996.

/80/ N.N.:
DIN-Taschenbuch 109. Fertigungsverfahren 1: Umformen, Fügen (Normen). 2. Aufl. Berlin; Köln: Beuth Verlag, 1986.

/81/ N.N.:
Einführung in das MTM-Grundverfahren.
Hamburg: Deutsche MTM-Vereinigung e.V., 1996.

/82/ N.N.:
Innovationsschub mit der „Virtuellen Werkstatt".
In: Silicon Graphics Performer – The Visual Computing Magazine, Oktober 1996/ Hrsg. von Macron GmbH.
Grasbrunn: Silicon Graphics GmbH, 1996.

/83/ N.N.:
MTM-Handbuch. 3. Auflage.
Hamburg: Deutsche MTM-Vereinigung e.V., 1981.

/84/ N.N.:
MTM-UAS Lehrgangsunterlagen mit Aufbaustufen.
Hamburg: Deutsche MTM-Vereinigung e.V., 1996.

/85/ Neubert, J.:
Objektorientierte Datenmodellierung in der rechnergestützten Montageablaufplanung.
Dresden, Technische Universität, Diss., 1993.

/86/ Norm DIN 8593
Fertigungsverfahren Fügen; Einordnung, Unterteilung, Begriffe.
Berlin, Köln: Beuth Verlag, 1989.

/87/ Ousterhout, J. K.:
Tcl and the Tk Toolkit.
New York u.a.: Addison-Wesley, 1994.

/88/ Pahl, G.; Beitz, W.:
Konstruktionslehre. 2. Auflage.
Berlin u.a.: Springer Verlag, 1986.

/89/ Pfrang, W.:
Rechnergestützte und grafische Planung manueller und teilautomatisierter Arbeitsplätze.
Technische Universität München, iwb, Forschungsberichte Band 29.
Berlin: Springer, 1990.
Zugl. München, Technische Universität, Diss., 1990.

/90/ Purschke, F.:
VR Forschung und Anwendung bei der Volkswagen AG.
In: Fachgespräch Virtual Reality Anwendungen in der industriellen Produktion, 25.-26. Februar 1997, Paderborn.
Paderborn: Heinz Nixdorf Institut, 1997.

/91/ REFA - Verband für Arbeitsstudien und Betriebsorganisation (Hrsg.):
Grundlagen der Arbeitsgestaltung (Methodenlehre der Betriebsorganisation). 3. Aufl.
München, Wien: Hanser Verlag, 1993.

/92/ REFA - Verband für Arbeitsstudien und Betriebsorganisation (Hrsg.):
Lexikon der Betriebsorganisation
(Methodenlehre der Betriebsorganisation).
München, Wien: Hanser Verlag, 1993.

/93/ REFA - Verband für Arbeitsstudien und Betriebsorganisation (Hrsg.):
REFA: Methodenlehre des Arbeitsstudiums: Teil 1 - Grundlagen,
7. Auflage.
München, Wien: Hanser Verlag, 1984.

/94/ REFA - Verband für Arbeitsstudien und Betriebsorganisation (Hrsg.):
REFA: Methodenlehre des Arbeitsstudiums: Teil 2: Datenermittlung,
7. Auflage.
München, Wien: Hanser Verlag, 1992.

/95/ REFA - Verband für Arbeitsstudien und Betriebsorganisation (Hrsg.):
REFA-Lexikon: Betriebsorganisation; Arbeitsstudium; Planung und Steuerung.
3. Überarbeitete Auflage.
Berlin, Köln: Beuth Verlag, 1977.

/96/ Richter, M.:
Integrierte Produktentwicklung und Montageplanung.
In: REFA-Nachrichten 45 (1992) Nr. 2, S. 10 – 21.

/97/ Richter, R.:
Wissensbasierte CAD-Komponente zum Entwurf montagegerechter Produkte.
Berlin u.a.: Springer Verlag, 1991.
Zugl. Stuttgart, Universität, Diss., 1991.

/98/ Rix, J.; Kress, H.; Schroeder, K.:
Das Virtuelle Produkt – Neue Präsentations- und Interaktionstechniken in der Produktentwicklung.
In: VDI-Tagung Simulation in der Praxis – neue Produkte effizienter entwickeln, 11.-12. Oktober 1995, Fulda, VDI-Berichte Nr. 1215.
Düsseldorf: VDI-Verlag, 1995, S. 313-324.

/99/ Rösch, A.:
Mitarbeit an der Konzeption und Implementierung eines VR-Kernels auf Basis von „Lightning".
Dokumentation zum Werkvertrag, Fraunhofer-Institut für Arbeitswirtschaft und Organisation, Competence Center Virtual Reality, Stuttgart, Februar 1997.

/100/ Rose, B.:
Prototypen gibt es nur noch im Rechner.
In: VDI Nachrichten (1997) Nr. 28, S. 11.

/101/ Rößler, A.:
Virtual Reality – Das ultimative Medium ?
In: Virtualität contra Realität? 16. Designwissenschaftliches Kolloquium, 19.-21. Oktober 1995, Burg Giebichenstein, Hochschule für Kunst und Design, Halle Saale. Berlin: Trigger, 1995.

/102/ Roth, K.:
Konstruieren mit Konstruktionskatalog. Band II, 2. überarb. Aufl.
Berlin u.a.: Springer, 1994.

/103/ Schöneberg, R.:
Rechnergestützte Ermittlung und Charakterisierung der Fügebeziehungen: Beitrag zur rechnerunterstützten Montageplanung.
Ilmenau, Technische Universität, Diss., 1994.

/104/ Spur, G.:
Auf dem Weg zur virtuellen Produktentwicklung.
ZwF 92 (1997) Nr. 3, S. 74 - 75.

/105/ Spur, G.; Krause, F.-L.:
CAD-Technik.
München, Wien: Hanser Verlag, 1984.

/106/ Stoeferle, T.; Spur, G.:
Handbuch der Fertigungstechnik. Band 5: Fügen, Handhaben, Montieren.
München, Wien: Hanser Verlag, 1987.

/107/ Stoll, G.:
Montagegerechte Produkte mit feature-basiertem CAD.
München, Wien: Hanser Verlag, 1994.
Zugl. München, Technische Universität, Diss., 1994.

/108/ Taylor, R.; Bayliss, G.; Bowyer, A.; Willis, P.:
A Virtual Workshop for Design by Manufacture.
15. ASME International Computers in Engineering Conference, 17.-21. September, 1995, Boston, USA.

/109/ Thaler, K.:
Regelbasiertes Verfahren zur Montageablaufplanung in der Serienfertigung.
Berlin u.a.: Springer, 1993.
Zugl. Stuttgart, Universität, Diss., 1993.

/110/ VDI (Hrsg.):
VDI-Richtlinie 2221: Methodik zum Entwickeln und Konstruieren technischer Systeme und Produkte.
Berlin; Köln: Beuth Verlag, 1986.

/111/ VDI (Hrsg.):
VDI-Richtlinie 2222: Konzipieren technischer Produkte.
Berlin; Köln: Beuth Verlag, 1977.

/112/ VDI-Gesellschaft Produktionstechnik:
Elektronische Datenverarbeitung bei der Produktionsplanung und Steuerung: Automatische Arbeitsplanerstellung.
Düsseldorf: VDI-Verlag, 1974.

/113/ Waldhier, T.:
Integrierte rechnergestützte Produkt- und Arbeitsplatzgestaltung für die stationäre manuelle Montage.
Forschungsberichte aus dem Institut für Werkzeugmaschinen und Betriebstechnik der Universität Karlsruhe, Band 5, 1993.
Zugl. Karlsruhe, Universität, Diss., 1992.

/114/ Warnecke, H.-J.:
Der Produktionsbetrieb - Eine Industriebetriebslehre für Ingenieure.
Berlin u.a.: Springer Verlag, 1984.

/115/ Warschat, J.; Wasserloos, G.:
Simultaneous Engineering.
In: Fortschrittliche Betriebsführung und Industrial Engineering 40 (1991) Nr. 1, S. 22-27.

/116/ Westkämper, E.:
Perspektiven der industriellen Produktion.
In: Der Fraunhofer 7 (1996) Nr. 2, S. 14 – 15.

/117/ Westkämper, E.; Englert, E.; Kempf, M.; Koch, K.U.:
Qualitätsmanagement im Rapid Prototyping.
In: ZWF 91 (1996) Nr. 12, S. 616 – 619.

/118/ Weule, H.; Friedemann, Th.:
Rechnerunterstützte Produktanalyse in der Montageplanung.
In: VDI-Z 129 (1987) Nr. 12, S. 59 - 63.

/119/ Witte, K.- W.:
Flexible automatisierte Montage - Notwendigkeiten, Voraussetzungen, Lösungen.
In: Industrie-Anzeiger 104 (1982) Nr. 11, S. 81 - 85.

/120/ Zülch, G.; Braun, W.J.; Schiller, E.F.:
Montageplanung – CAP-Verfahren zur Optimierung der Ablauforganisation. In: AV 32 (1995) Nr 2, S. 131 – 136.

/121/ Zülch, G.; Waldhier, T.:
Integrierte Produktentwicklung und Montageplanung – Möglichkeiten und Realisierung am Beispiel einer elektromechanischen Baugruppe.
In: Simultane Produktentwicklung/ Hrsg. von A.-W. Scheer.
München: gfmt Verlag KG, 1992, S. 517 - 551.

Anhang A Transformation von Objekten im dreidimensionalen Raum

Eine Gruppe von Punkten eines Objektes kann auf eine andere Gruppe von Punkten mittels Lineartransformation überführt werden. Beide Punktgruppen verbleiben im selben Koordinatensystem. Translation, Rotation und Skalierungsmatrizen beschreiben die Objekttransformationen.

Ein Punkt p kann per Translation, Skalierung und Rotation in einen anderen Punkt p′ wie folgt transformiert werden:

$$p' = p + \mathbf{D}$$
$$p' = p\,\mathbf{S}$$
$$p' = p\,\mathbf{R}$$

wobei **D** der Translationsvektor, **S** und **R** die entsprechende Skalierungs- und Rotationsmatrix beschreiben. Um diese drei Operationen zu kombinieren kann der Punkt p (x, y, z) in einem homogenen Koordinatensystem als p (X, Y, Z, w) mit einem Skalierungsfaktor $w \neq 0$ repräsentiert werden. Das dreidimensionale kartesische Koordinatensystem kann nun als:

$$x = X/w$$
$$y = Y/w$$
$$z = Z/w$$

dargestellt werden. Mit der Normierung von w auf 1 lautet der Vektor um einen Punkt darzustellen [x y z 1]. Translation kann nun, ebenso wie Skalierung und Rotation als Matrixmultiplikation behandelt werden. Mit der Translationsmatrix **T** gilt:

$$p' = p\,\mathbf{T}$$

$$[x'\,y'\,z'\,1] = [x\,y\,z\,1]\begin{pmatrix} 1 & 0 & 0 & 0 \\ 0 & 1 & 0 & 0 \\ 0 & 0 & 1 & 0 \\ T_x & T_y & T_z & 1 \end{pmatrix}$$

$$= [x\,y\,z\,1]\,\mathbf{T}$$

Diese Schreibweise impliziert, daß das Objekt mit der Verschiebung T_x, T_y und T_z angewandt auf jeden Punkt verschoben wird. Die Skalierungsmatrix besteht aus den Skalierungsfaktoren S_x, S_y und S_z wie folgt:

$$p' = p\,\mathbf{S}$$

$$\mathbf{S} = \begin{pmatrix} S_x & 0 & 0 & 0 \\ 0 & S_y & 0 & 0 \\ 0 & 0 & S_z & 0 \\ 0 & 0 & 0 & 1 \end{pmatrix}$$

Die Transformationsmatrizen für eine Gegenuhrzeigerrotation in einem rechtshändigen Koordinatensystem (bei Rotation um eine der Koordinatenachsen) lauten:

$$\mathbf{R_X} = \begin{pmatrix} 1 & 0 & 0 & 0 \\ 0 & \cos\theta & \sin\theta & 0 \\ 0 & -\sin\theta & \cos\theta & 0 \\ 0 & 0 & 0 & 1 \end{pmatrix} \quad \mathbf{R_Y} = \begin{pmatrix} \cos\theta & 0 & -\sin\theta & 0 \\ 0 & 1 & 0 & 0 \\ \sin\theta & 0 & \cos\theta & 0 \\ 0 & 0 & 0 & 1 \end{pmatrix} \quad \mathbf{R_Z} = \begin{pmatrix} \cos\theta & \sin\theta & 0 & 0 \\ -\sin\theta & \cos\theta & 0 & 0 \\ 0 & 0 & 1 & 0 \\ 0 & 0 & 0 & 1 \end{pmatrix}$$

Bild 60 zeigt Beispiele einer Kombination von Transformationsmatrizen an einem Würfel, dessen einer Punkt auf dem Koordinatenursprung liegt.

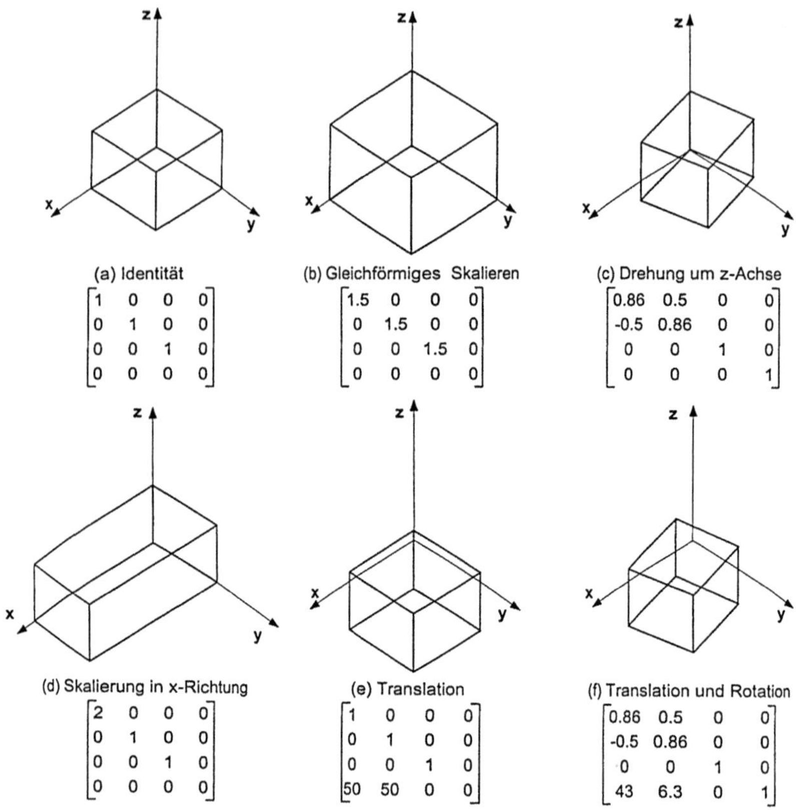

Bild 60: Anwendung von Lineartransformationen auf einen Würfel

Anhang B Modell zur Abbildung der geometrischen und technischen Objektinformationen

Zur Spezifikation des Datenmodells werden die Objekte und Relationen des Datenmodells in Form eines Entity-Relationship-Diagramms beschrieben.

Bei der Entwicklung eines integrierten Planungssystems liegt das Grundproblem im Datenaustausch der an der Planung beteiligten Prozesse. Zwei Arten von unterschiedlichen Datenmodellen sind hierbei besonders zu beachten, zum einen das Datenmodell, das zur Beschreibung des Produktes verwendet wird, zum anderen das Datenmodell, das den Montageprozeß beschreibt. In diesem Kapitel sollen die notwendigen Datenmodelle entwickelt und beschrieben werden.

Ein industriell zu fertigendes Produkt kann aus unterschiedlichen Gesichtspunkten betrachtet werden. In der Konstruktionsabteilung wird ein Produkt durch eine Stückliste beschrieben, ein Montageplaner wird das gleiche Produkt als eine Sequenz von Teilverrichtungen darstellen. Im Rahmen dieser Arbeit muß eine Datenstruktur entwickelt werden, die sowohl den geometrischen Produktaufbau abbildet als auch den Montageprozeß beschreibt.

B.1 Das Entity-Relationship-Diagramm

In einem Entity-Relationship-Diagramm (ERM) werden Objekte als Rechtecke und Relationen als Rauten dargestellt. Eine Relation ist dabei eine logische Verknüpfung zwischen den Objekten. Eine Relation kann genauso wie ein Objekt zusätzliche Attribute besitzen.

Zwischen zwei durch eine Relation verknüpften Objekten besteht eine numerische Beziehung, die aus zwei Werten besteht. Diese Werte definieren den Bereich, in dem sich die Anzahl der Relationen zwischen den zwei Objektklassen bewegen kann.

Beispiel:

Die Relation "benötigt" zwischen den Objektklassen "Tätigkeit" und "Baukomponente" und der numerischen Beziehung "0...n" (Bild 61) besagt, daß zur Ausführung einer Tätigkeit zwischen 0 und n Baukomponenten benötigt werden. Für eine Tätigkeit können also beliebig viele Verweise auf Einbaukomponenten existieren.

Auf der anderen Seite kann eine Tätigkeit höchstens eine Baukomponente als Ergebnis haben, was durch die Bereichsangabe "0...1" der Relation "erzeugt" festgelegt wird.

In dem Diagramm werden fünf verschiedene Objekte unterschieden, die durch Relationen miteinander verbunden sind. Dabei gibt es interne Relationen, bei denen Objekte derselben Objektklasse miteinander in Beziehung stehen und externe Relationen zwischen Objekten unterschiedlicher Klassen. Interne Relationen beschreiben den strukturellen Aufbau eines Objekts.

Sich überlappende Relationen sind redundant, d. h. es wird eigentlich nur eine von ihnen benötigt, um die damit verbundenen Informationen vollständig zu erhalten. Um jedoch einen schnellen Datenzugriff zu gewährleisten, ist es sinnvoll die Redundanz zu implementieren.

Im folgenden werden die Objekte und Relationen des Datenmodells beschrieben.

B.2 Baukomponente

Die Baukomponente (BK) ist ein rekursiv definiertes Objekt und kann sowohl eine Baugruppe als auch ein Einzelteil oder das Enderzeugnis beschreiben. Das ERM für Baukomponenten ist in Bild 61 dargestellt. Es sind zwei interne Relationen definiert, die aus den einzelnen Baukomponenten eine Strukturstückliste aufbauen:

- *besteht aus*
  Diese Relation beschreibt, aus welchen Baugruppen oder Einzelteilen eine Baukomponente auf der nächstniedrigeren Strukturebene zusammengesetzt ist. Eine Baukomponente kann beliebig viele Verweise auf Unterkomponenten besitzen. Ist für eine Baukomponente keine derartige Beziehung definiert, so handelt es sich um ein Einzelteil und damit die unterste Strukturebene.

- *gehört zu*
  Dies ist ein Verweis auf die Baugruppe, deren Bestandteil eine Baukomponente ist. Wenn es für eine Baukomponente keinen Eintrag für diese Rela-

tion gibt, so handelt es sich um das Erzeugnis bzw. das Produkt selbst und damit die höchste Strukturebene.

Zwei Relationen verweisen auf die zugehörige virtuelle BK und die Referenzpunkte:

- *besitzt Abbild*
  Verweis auf die für eine Darstellung einer Baukomponente im virtuellen Raum benötigten Daten.

- *benötigt Referenzpunkt*
  Verweise auf die zur Herstellung einer Verbindung benötigten Referenzpunkte. Eine BK kann beliebig viele Referenzpunkte besitzen.

Für jede BK existiert eine Verbindung, bei der die BK benötigt wird:

- *wird benötigt*
  Durch diese Relation wird dokumentiert, bei welcher Verbindung die Baukomponente verbaut wird. Diese Beziehung ist eindeutig, d. h. es kann nur eine Verbindung geben, bei der diese Baukomponente benötigt wird. Das Erzeugnis ist die einzige Baukomponente, für die es keinen solchen Verweis gibt.

Zwei weitere Relationen stellen eine Beziehung zur tätigkeitsorientierten Sicht eines Erzeugnisses her:

- *wird zusammengebaut durch Tätigkeit*
  Diese Relation gibt an, durch welche Zusammenbau-Tätigkeit eine Baugruppe erzeugt wird. Handelt es sich bei einer Baukomponente um ein Einzelteil, so existiert kein derartiger Verweis.

- *wird komplett montiert durch Tätigkeit*
  Dies ist ein Verweis auf die zugehörige "komplett montieren"-Tätigkeit. Einzelteile und Baugruppen der vorletzten Strukturebene besitzen für diese Relation keinen Eintrag.

Virtuelle Baukomponente:
Jede physikalische Baukomponente soll ein Abbild im virtuellen Raum besitzen. Umgekehrt besitzt jede virtuelle BK ein reales Vorbild. Diese Beziehung wird durch folgende Relation hergestellt:

- *ist abgeleitet von*
  Verweis auf die physikalische Baukomponente.

- *Referenzpunkt Baukomponente*
  Durch die Referenzpunkte einer Baukomponente werden die Stellen festgelegt, an denen Verbindungen mit anderen Baukomponenten hergestellt werden. Es existiert eine Relation zwischen Referenzpunkt und Baukomponente:

- *wird benötigt*
  Verweis auf die Baukomponente, bei welcher der Referenzpunkt benötigt wird.

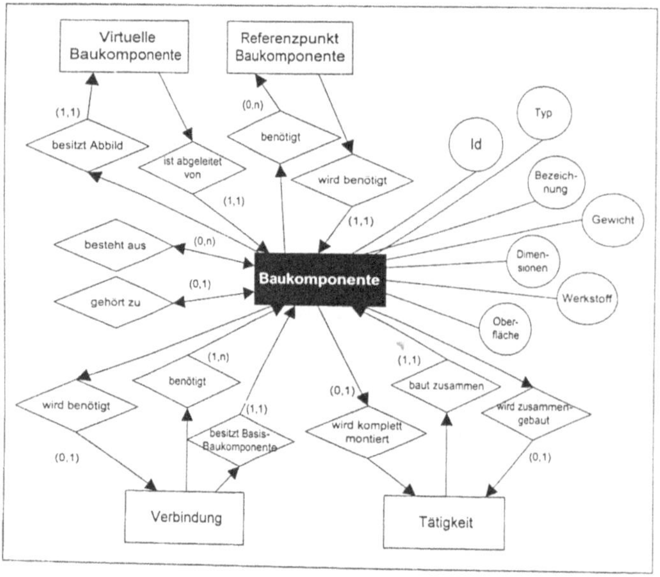

Bild 61: Entity-Relationship-Diagramm einer Baukomponente

B.3 Tätigkeit

Ebenso wie die Baukomponente ist auch die Tätigkeit rekursiv definiert und erzeugt dadurch einen hierarchischen Vorranggraphen. Wie aus Bild 62 zu entnehmen ist, sind die folgenden internen Relationen für eine Tätigkeit vorgesehen:

- *besteht aus*
  Diese Relation verweist auf Tätigkeiten, die direkt in der betrachteten Tätigkeit enthalten sind. Existieren keine Einträge für diese Relation, so handelt es sich um eine Tätigkeit der untersten Hierarchieebene.

- *gehört zu*
  Hierbei handelt es sich um einen Verweis auf die übergeordnete Tätigkeit. Die Wurzel des Vorranggraphen ist die einzige Tätigkeit, die keinen solchen Verweis besitzt.

- *hat Vorgänger*
  Durch diese wie auch die folgende Relation werden die Vorrangbeziehungen zwischen den Tätigkeiten definiert. Es werden hier Beziehungen zu den Tätigkeiten dokumentiert, die direkt vorher ausgeführt werden müssen. Eine Tätigkeit kann beliebig viele Vorgänger besitzen.

- *hat Nachfolger*
  Hier werden Verweise auf Tätigkeiten eingetragen, die direkt danach ausgeführt werden müssen. Eine Tätigkeit kann beliebig viele Nachfolger-Tätigkeiten besitzen.

Neben den für den Strukturaufbau verantwortlichen Relationen, existieren weitere externe Relationen zwischen den Objekten Tätigkeit und Baukomponente sowie Tätigkeit und Verbindung:

- *baut zusammen Baukomponente*
  Mit dieser Relation wird festgelegt, welche Baukomponente das Ziel einer Tätigkeit ist. Dieser Verweis existiert nicht nur zwischen einer Zusammenbau-Tätigkeit und der zugehörigen Baugruppe, sondern auch zwischen allen Kindern der Tätigkeit und dieser Baugruppe.

- *benutzt Verbindung*
  Durch diese Relation wird die Beziehung zu einer Verbindung hergestellt, wo zusätzliche tätigkeitsrelevante Informationen über die Montage zweier Baukomponenten abgelegt sind. Ein solcher Verweis existiert nur dann, wenn es sich um eine Fügetätigkeit handelt.

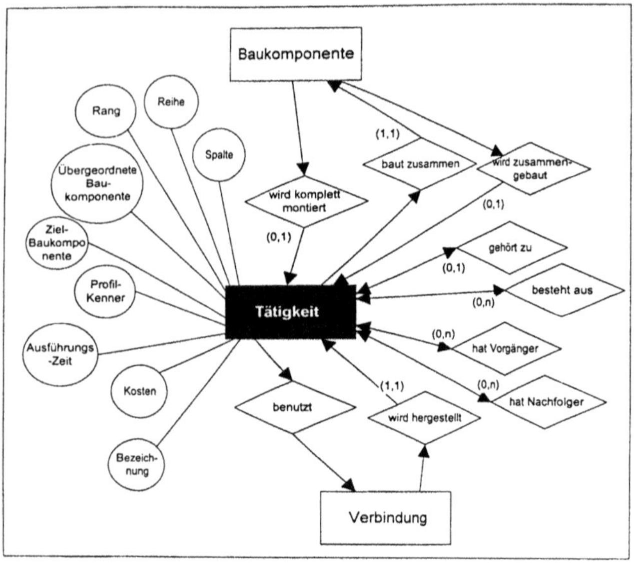

Bild 62: Entity-Relationship-Diagramm einer Tätigkeit

B.4 Verbindung, Standardverbindung

Eine Verbindung beschreibt die Randbedingungen, unter denen ein Fügeprozeß zwischen verschiedenen Baukomponenten ablaufen soll und die Hilfsmittel, die dazu benötigt werden. Es gibt fünf externe Relationen:

- *benötigt Baukomponente*
  Zur Herstellung einer Verbindung werden in der Regel Baukomponenten benötigt, die gefügt werden sollen. Der Verweis auf diese Komponenten wird mit Hilfe der Relation "benötigt" hergestellt.

- *besitzt Basis-Baukomponente*
  Eine der benötigten Baukomponenten ist meistens die Basiskomponente, an welche die anderen Baukomponenten angebaut werden. Auf diese wird hier verwiesen.

- *wird hergestellt*
  Verweis auf die Tätigkeit, durch die die Verbindung hergestellt wird.

- *benötigt Montagemittel*
  Zum Herstellen einer Verbindung werden beliebig viele Montagemittel benötigt.

- *benötigt Verbindungselement*
  Zum Herstellen einer Verbindung werden beliebig viele Verbindungselemente benötigt.

- *ergibt sich aus*
  Verweist auf die Standardverbindung, aus der die Verbindung hervorgegangen ist. Jede Verbindung ist im Prinzip eine Kopie einer Standardverbindung, deren Attribute modifiziert und um die entsprechenden Relationen erweitert wurde.

Standardverbindung:
Der Standardverbindungenkatalog enthält allgemeine Verbindungen ohne di rekten Bezug zu konkreten Baukomponenten. Es handelt sich um Vorschläge, wie eine Verbindung aussehen könnte. Es existieren Relationen zwischen Standardverbindungen und Montagemitteln sowie Verbindungselementen:

- *benötigt Montagemittel*
  Zum Herstellen einer Standardverbindung können beliebig viele Montagemittel benötigt werden.

- *benötigt Verbindungselement*
  Zum Herstellen einer Standardverbindung können beliebig viele Verbindungselemente benötigt werden

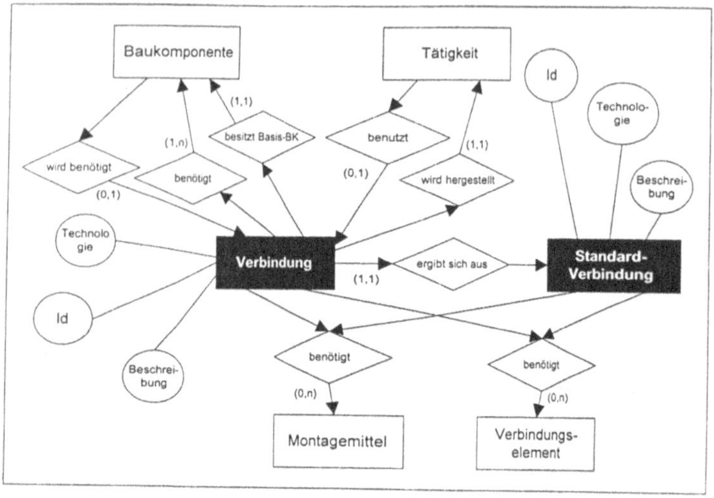

Bild 63: Entity-Relationship-Diagramm einer Verbindung sowie Standardverbindung

B.5 Montagemittel und Verbindungselemente

Der Montagemittelkatalog beschreibt Betriebsmittel, Werkzeuge und Hilfsmittel, die für die Montage von Baukomponenten benötigt werden. Zwei Relationen verweisen auf das zugehörige virtuelle Montagemittel und die Referenzpunkte:

- *besitzt Abbild*
  Verweis auf die für eine Darstellung eines Montagemittels im virtuellen Raum benötigten Daten.

- *benötigt Referenzpunkt*
  Verweise auf die für den virtuellen Einsatz benötigten Referenzpunkte. Ein Montagemittel kann beliebig viele Referenzpunkte besitzen.

Virtuelles Montagemittel:
Jedes physikalische Montagemittel soll ein Abbild im virtuellen Raum besitzen. Umgekehrt besitzt jedes virtuelle Montagemittel ein reales Vorbild.

Diese Beziehung wird durch folgende Relation hergestellt:

- *ist abgeleitet von*
  Verweis auf das physikalische Montagemittel.

Referenzpunkt Montagemittel:
Durch die Referenzpunkte eines Montagemittels werden die Stellen festgelegt, die auf eine Baukomponente oder ein Verbindungselement einwirken. Es existiert eine Relation zwischen Referenzpunkt und Montagemittel:

- *wird benötigt*
  Verweis auf das Montagemittel, bei dem der Referenzpunkt benötigt wird.

Verbindungselemente:
Der Verbindungselementekatalog beschreibt Teile, die zum Herstellen einer Verbindung zwischen mehreren Baukomponenten dienen. Zwei Relationen verweisen auf das zugehörige virtuelle Verbindungselement und die Referenzpunkte:

- *besitzt Abbild*
  Verweis auf die für eine Darstellung eines Verbindungselements im virtuellen Raum benötigten Daten.

- *benötigt Referenzpunkt*
  Verweise auf die zur Herstellung einer Verbindung benötigten Referenzpunkte. Ein Verbindungselement kann beliebig viele Referenzpunkte besitzen.

Virtuelles Verbindungselement:
Jedes physikalische Verbindungselement soll ein Abbild im virtuellen Raum besitzen. Umgekehrt besitzt jedes virtuelle Verbindungselement ein reales Vorbild. Diese Beziehung wird durch folgende Relation hergestellt:

- *ist abgeleitet von*
  Verweis auf das physikalische Verbindungselement.

Referenzpunkt Verbindungselement:
Durch die Referenzpunkte eines Verbindungselementes werden die Stellen festgelegt, die zwei Baukomponenten miteinander verbinden.

Es existiert eine Relation zwischen Referenzpunkt und Verbindungselement:

- *wird benötigt*
  Verweis auf das Verbindungselement, bei dem der Referenzpunkt benötigt wird.

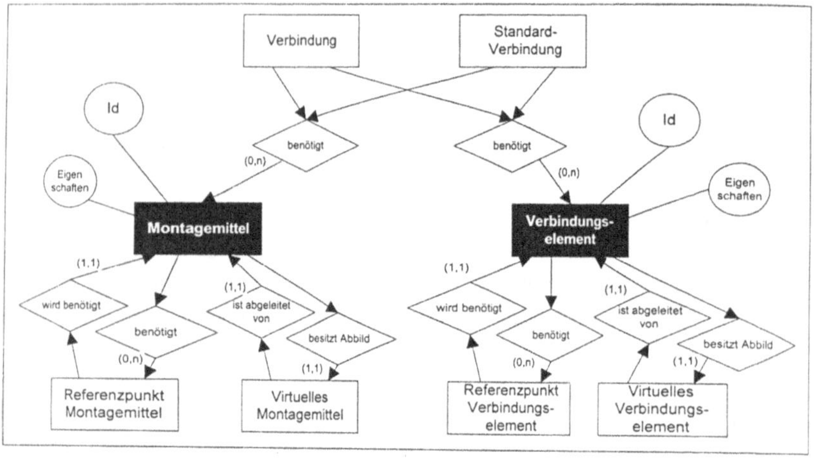

Bild 64: Entity-Relationship-Diagramm eines Montagemittels und Verbindungselements

IPA Forschung und Praxis

Schriftenreihe aus dem Institut für Produktionstechnik und Automatisierung, Stuttgart

Herausgeber: Prof. Dr.-Ing. Dr. h. c. mult. H.-J. Warnecke

Datenerfassung im Produktionsbereich
Von E. Bendeich. ISBN 3-7830-0117-8.
1977, 176 Seiten, kartoniert. 54,— DM

Methodenauswahl für die Materialbewirtschaftung in Maschinenbau-Betrieben
Von H. Graf. ISBN 3-7830-0136-6.
1977, 144 Seiten, kartoniert. 54,— DM

Systematische Auswahl von Förderhilfsmitteln für den innerbetrieblichen Materialfluß
Von W. Rau. ISBN 3-7830-0139-0.
1977, 103 Seiten, kartoniert. 40,— DM

Grundlagen zur Planung von Ersatzteilfertigungen
Von E. Schulz. ISBN 3-7830-0138-2.
1977, 98 Seiten, kartoniert. 40,— DM

Rechnerunterstützte Fabrikplanung
Von B. Minten. ISBN 3-7830-0116-1.
1977, 124 Seiten, kartoniert. 38,— DM

Eine Planungsmethode für automatische Montagesysteme
Von H.-G. Löhr. ISBN 3-7830-0120-X.
1977, 108 Seiten, kartoniert. 32,— DM

Planung und Bewertung von Arbeitssystemen in der Montage
Von H. Metzger. ISBN 3-7830-0131-5.
1977, 108 Seiten, kartoniert. 40,— DM

Klassifizierungssystem für Prüfmittel der industriellen Längenprüftechnik
Von R. Czetto. ISBN 3-7830-0144-7.
1978, 181 Seiten, kartoniert. 64,— DM

Rechnerunterstützte Montageplanung
Von O. Hirschbach. ISBN 3-7830-0149-8.
1978, 146 Seiten, kartoniert. 52,— DM

Rechnerunterstützte Entwicklung von Simulationsmodellen für Unternehmensplanspiele
Von A. Moker. ISBN 3-7830-0147-1.
1978, 181 Seiten, kartoniert. 64,— DM

Arbeitsplatzanalysen zur Ermittlung der Einsatzmöglichkeiten und Anforderungen an Industrieroboter
Von G. Herrmann. ISBN 37830-0151-X.
1978, 113 Seiten, kartoniert. 40,— DM

MFSP — Ein Verfahren zur Simulation komplexer Materialflußsysteme
Von G. Stemmer. ISBN 3-7830-0118-8.
1977, 140 Seiten, kartoniert. 60,— DM

Berührungslose Erkennung durch Positionsbestimmung von Objekten durch inkohärent-optische Korrelation
Von M. König. ISBN 3-7830-0137-4.
1977, 110 Seiten, kartoniert. 40,— DM

Auslegung von Störungspuffern in kapitalintensiven Fertigungslinien
Von R. v. Stetten. ISBN 3-7830-0140-4.
1977, 154 Seiten, kartoniert. 56,— DM

Flexible Transportablaufsteuerung
Von G. Römer. ISBN 3-7830-0114-5.
1977, 188 Seiten, kartoniert. 60,— DM

Rechnergestützte Realplanung von Fabrikanlagen
Von T.-K. Sauter. ISBN 3-7830-0119-6.
1977, 108 Seiten, kartoniert. 32,— DM

Systematisches Auswählen und Konzipieren von programmierbaren Handhabungsgeräten
Von R. D. Schraft. ISBN 3-7830-0115-3.
1977, 108 Seiten, kartoniert. 32,— DM

Auslandsproduktion
Von W. Cypris. ISBN 3-7830-0145-5.
1978, 126 Seiten, kartoniert. 42,— DM

Wirtschaftlicher Einsatz von Mehrkoordinatenmeßgeräten
Von M. Dietzsch. ISBN 3-7830-0148-X.
1978, 142 Seiten, kartoniert. 52,— DM

Fertigungssteuerung bei flexiblen Arbeitsstrukturen
Von K.-G. Lederer. ISBN 3-7830-0146-3.
1978, 128 Seiten, kartoniert. 42,— DM

Untersuchungen zum Polieren und Entgraten durch elektrochemisches Oberflächenabtragen
Von K. Zerweck. ISBN 3-7830-0150-1.
1978, 110 Seiten, kartoniert. 40,— DM

Stufenweise Ableitung eines praktischen Planungssystems für den Entwicklungsbereich
Von R. Hichert. ISBN 3-7830-0149-8.
1978, 151 Seiten, kartoniert. 52,– DM

Produktionsplanung mit Auftragsfamilien
Von U. W. Geitner. ISBN 3-7830-0161.7.
1979, 110 Seiten, kartoniert. 45,– DM

Thermisch-chemisches Entgraten
Von T. Wagner. ISBN 3-7830-0164-1.
1979, 111 Seiten, kartoniert. 45,– DM

Untersuchung der Materialflußkosten bei ausgewählten Systemen der Zentralen Arbeitsverteilung
Von R. Wenzel. ISBN 3-7830-0162-5.
1979, 168 Seiten, kartoniert. 86,– DM

Anpassung und Einführung eines Planungssystems für die Ablaufplanung im Konstruktionsbereich
Von W. Dangelmaier. ISBN 3-7830-0163-3.
1979, 168 Seiten, kartoniert. 80,– DM

Längenmessungen an bewegten Teilen mit berührungslos wirkenden Aufnehmern
Von H. Lang. ISBN 3-7830-0157-9
1979, 89 Seiten, kartoniert. 42,– DM

Untersuchung multistabiler Strömungselemente und ihr Einsatz in sequentiellen Steuerungen
Von A. Ernst. ISBN 3-7830-0157-9.
1979, 122 Seiten, kartoniert. 48,– DM

Taktile Sensoren für programmierbare Handhabungsgeräte
Von M. Schweizer. ISBN 3-7830-0158-7.
1979, 91 Seiten, kartoniert. 42,– DM

Die rechnerunterstützte Prüfplanung
Von P. Blasing. ISBN 3-7830-0152-8.
1979, 100 Seiten, kartoniert. 44,– DM

Verfahren zur Fabrikplanung im Mensch-Rechner-Dialog am Bildschirm
Von W. Ernst. ISBN 3-7830-0156-0.
1979, 218 Seiten, kartoniert. 72,– DM

Rechnerunterstütztes Verfahren zur Leistungsabstimmung von Mehrmodell-Montagesystemen
Von M. Gorke. ISBN 3-7830-0155-2.
1979, 139 Seiten, kartoniert. 50,– DM

Standortbezogene Betriebsmittel
Von G. Pflieger. ISBN 3-7830-0167-6.
1979, 127 Seiten, kartoniert. 52,– DM

Die betriebswirtschaftliche Beurteilung neuer Arbeitsformen
Von B.-H. Zippe. ISBN 3-7830-0168-4.
1979, 350 Seiten, kartoniert. 98,– DM

Untersuchung des Arbeitsverhaltens programmierbarer Handhabungsgeräte
Von B. Brodbeck. ISBN 3-7830-0169-2.
1979, 117 Seiten, kartoniert. 48,– DM

Untersuchung eines kohärent-optischen Verfahrens zur Rauheitsmessung
Von N. Rau. ISBN 3-7830-0174-9
1979, 117 Seiten, kartoniert. 48,– DM

Entwicklung einer programmierbaren, pneumatischen Steuerung
Von D. Klemenz. ISBN 3-7830-0171-4.
1979, 93 Seiten, kartoniert. 42,– DM

IPA Forschung und Praxis

Berichte aus dem Fraunhofer-Institut für Produktionstechnik und Automatisierung, Stuttgart, und dem Institut für Industrielle Fertigung und Fabrikbetrieb der Universität Stuttgart

Herausgeber: Prof. Dr.-Ing. Dr. h. c. mult. H.-J. Warnecke

---

38 **Arbeitsgangterminierung mit variabel strukturierten Arbeitsplänen — Ein Beitrag zur Fertigungssteuerung flexibler Fertigungssysteme**
Von U. Maier. ISBN 3-540-10213-2.
1980, 111 Seiten mit 45 Abbildungen. 43,— DM

39 **Kapazitätsabgleich bei flexiblen Fertigungssystemen**
Von P. S. Nieß. ISBN 3-540-10372-4.
1980, 151 Seiten mit 57 Abbildungen. 48,— DM

40 **Schichtdickenverteilung auf galvanisierten Paßteilen am Beispiel kleiner abgesetzter Wellen und Bohrungen**
Von D. Wolfhard. ISBN 3-540-10373-2.
1980, 177 Seiten mit 83 Abbildungen. 48,— DM

41 **Planung von Mehrstellenarbeit unter Berücksichtigung von Umfeldaufgaben**
Von S. Häußermann. ISBN 3-540-10374-0.
1980, 136 Seiten mit 59 Abbildungen. 48,— DM

42 **Untersuchungen zur Schmierfilmdicke in Druckluftzylindern — Beurteilung der Abstreifwirkung und des Reibungsverhaltens von Pneumatikdichtungen mit Hilfe eines neu entwickelten Schmierfilmdicken-meßverfahrens**
Von R. Köhnlechner. ISBN 3-540-10375-9.
1980, 100 Seiten mit 38 Abbildungen und 4 Tabellen. 43,— DM

43 **Typologie zum überbetrieblichen Vergleich von Fertigungssteuerungsverfahren im Maschinenbau**
Von G. Rabus. ISBN 3-540-10376-7.
1980, 174 Seiten mit 88 Abbildungen und 21 Tafeln. 48,— DM

44 **System zur Planung des Umlaufbestandes in Betrieben mit Serienfertigung**
Von K.-G. Wilhelm. ISBN 3-540-10377-5.
1980, 142 Seiten mit 67 Abbildungen und 15 Tafeln. 48,— DM

45 **Rechnerunterstützte Arbeitsplanerstellung mit Kleinrechnern, dargestellt am Beispiel der Blechbearbeitung**
Von W. Hoheisel. ISBN 3-540-10505-0.
1981, 169 Seiten mit 74 Abbildungen. 48,— DM

46 **Beitrag zur Verbesserung der Wirtschaftlichkeit EDV-unterstützter Fertigungssteuerungssysteme durch Schwachstellenanalyse**
Von J. Lienert. ISBN 3-540-10506-9.
1981, 148 Seiten mit 37 Abbildungen. 48,— DM

47 **Die Abscheidung von Öl an Entlüftungsöffnungen drucklufttechnischer Anlagen**
Von W.-D. Kiessling. ISBN 3-540-10604-9.
1981, 117 Seiten mit 48 Abbildungen und 3 Tabellen. 43,— DM

48 **Dynamische Optimierung technisch-ökonomischer Systeme**
Von J. Warschat. ISBN 3-540-10717-7.
1981, 132 Seiten mit 60 Abbildungen. 43,— DM

49 **Bildsensor zur Mustererkennung und Positionsmessung bei programmierbaren Handhabungsgeräten**
Von H. Geißelmann. ISBN 3-540-10735-5.
1981, 125 Seiten mit 52 Abbildungen. 43,— DM

50 **Verfügbarkeitsberechnung für komplexe Fertigungseinrichtungen**
Von Ekkehard Gericke. ISBN 3-540-10779-7.
1981, 132 Seiten mit 71 Abbildungen. 43,— DM

51 **Materialflußgestaltung in Fertigungssystemen**
Von Willi Rößner. ISBN 3-540-10888-2.
1981, 149 Seiten mit 76 Abbildungen. 48,— DM

52 **Beitrag zur Analyse der Auswirkungen der Mikroelektronik, dargestellt am Beispiel der Büromaschinen-Industrie**
Von Werner Neubauer. ISBN 3-540-10991-9.
1981, 145 Seiten mit 27 Abbildungen und 47 Tabellen. 43,— DM

53 **Modelle von Informationssystemen zur kurzfristigen Fertigungssteuerung und ihre Gestaltung nach betriebsspezifischen Gesichtspunkten**
Von Roland Gentner. ISBN 3-540-10992-7.
1981, 181 Seiten mit 69 Abbildungen und 7 Tabellen. 48,— DM

54 **Entwicklung von Verfahren zur Terminplanung und -steuerung bei flexiblen Montagesystemen**
Von Jürgen H. Kölle. ISBN 3-540-11227-8.
1981, 132 Seiten mit 64 Abbildungen und 1 Faltplan. 43,— DM

55 **Arbeits- und Kapazitätsteilung in der Montage**
Von Stefan Dittmayer. ISBN 3-540-11228-6.
1981, 124 Seiten und 56 Abbildungen. 43,— DM

56 **Beitrag zur systematischen Planung der Qualitätsprüfung bei Klein- und Mittelserienfertigung**
Von Herbert Babic. ISBN 3-540-11325-8
1982, 108 Seiten mit 38 Abbildungen und 7 Tabellen. 53,— DM

57 **Methode zur rechnerunterstützten Einsatzplanung von programmierbaren Handhabungsgeräten**
Von Uwe Schmidt-Streier. ISBN 3-540-11355-X.
1982, 188 Seiten mit 72 Abbildungen. 53.– DM

58 **Werkstoff- und Energiekennwerte industrieller Lackieranlagen, am Beispiel der Automobilindustrie**
Von Rainer Manfred Thiel. ISBN 3-540-11356-8.
1982, 116 Seiten mit 59 Abbildungen. 53.– DM

59 **Maßnahmen zum Verbessern der pneumatischen Lackzerstäubung – Teilchengrößenbestimmung im Spritzstrahl –**
Von Klaus Werner Thomer. ISBN 3-540-11507-2.
1982, 162 Seiten mit 94 Abbildungen und 1 Tabelle. 53.– DM

60 **Ermittlung und Bewertung von Rationalisierungsmaßnahmen im Produktionsbereich**
Von Jürgen Schilde. ISBN 3-540-11730-X.
1982, 158 Seiten mit 57 Abbildungen. 53.– DM

61 **Untersuchung von Verfahren der Reihenfolgeplanung und ihre Anwendung bei Fertigungszellen**
Von Mohamed Osman. ISBN 3-540-11747-4.
1982, 124 Seiten mit 32 Abbildungen und 3 Tabellen. 53.– DM

62 **Ein Simulationsmodell zur Planung gruppentechnologischer Fertigungszellen**
Von Volker Saak. ISBN 3-540-11747-4.
1982, 134 Seiten mit 53 Abbildungen. 53.– DM

63 **Verfahren zur technischen Investitionsplanung automatisierter Fertigungsanlagen**
Von Günter Vettin. ISBN 3-540-11747-4.
1982, 134 Seiten mit 63 Abbildungen. 53.– DM

64 **Pneumatische Sensoren zur prozeßsimultanen Messung des Werkzeugverschleißes und zur Kollisionsvermeidung beim Messerkopffräsen**
Von Wolfgang Jentner. ISBN 3-540-11747-4.
1982, 126 Seiten mit 47 Abbildungen und 6 Tabellen. 53.– DM

65 **Rechnerunterstützte Gestaltung ortsgebundener Montagearbeitsplätze, dargestellt am Beispiel kleinvolumiger Produkte**
Von Eberhard Haller. ISBN 3-540-12015-7.
1982, 130 Seiten mit 43 Abbildungen. 53.– DM

66 **Fernsehüberwachung von Schutzgasschweißvorgängen mit abschmelzender Elektrode MIG – MAG**
Von Ruprecht Niepold. ISBN 3-540-12181-7.
1983, 178 Seiten mit 73 Abbildungen und 5 Tabellen. 58.– DM

67 **Entwicklung flexibler Ordnungssysteme für die Automatisierung der Werkstückhandhabung in der Klein- und Mittelserienfertigung**
Von Karl Weiss. ISBN 3-540-12455-1.
1983, 116 Seiten mit 68 Abbildungen. 58.– DM

68 **Automatisierte Überwachungsverfahren für Fertigungseinrichtungen mit speicherprogrammierten Steuerungen**
Von Werner Eißler. ISBN 3-540-12456-X.
1983, 128 Seiten mit 66 Abbildungen. 58.– DM

69 **Prozeßüberwachung beim Galvanoformen**
Von Jürgen Wilhelm Böcker. ISBN 3-540-12457-8.
1983, 118 Seiten mit 32 Abbildungen. 58.– DM

70 **LAPEX – Ein rechnerunterstütztes Verfahren zur Betriebsmittelzuordnung**
Von Stephan Mayer. ISBN 3-540-12490-X.
1983, 162 Seiten mit 34 Abbildungen und 2 Tabellen. 58.– DM

71 **Gestaltung eines integrierten Produktionssystems für die Sortenfertigung unter Einsatz der Clusteranalyse**
Von Gerald Weber. ISBN 3-540-12650-3.
1983, 194 Seiten mit 54 Abbildungen. 58.– DM

72 **Gußputzen mit sensorgeführten, programmierbaren Handhabungsgeräten**
Von Eberhard Abele. ISBN 3-540-12651-1.
1983, 133 Seiten mit 66 Abbildungen. 58,– DM

73 **Untersuchungen zur Herstellung und zum Einsatz galvanogeformter Erodierelektroden**
Von Harald Müller. ISBN 3-540-12822-0.
1983, 148 Seiten mit 78 Abbildungen. 58,– DM

74 **Ein Beitrag zur Optimierung der Prozeßführungsstrategien automatisierter Förder- und Materialflußsysteme**
Von Hans Steffens. ISBN 3-540-12968-5.
1983. 161 Seiten mit 60 Abbildungen. 58,– DM

75 **Entwicklung eines Verfahrens zur wertmäßigen Bestimmung der Produktivität und Wirtschaftlichkeit von Personalentwicklungsmaßnahmen in Arbeitsstrukturen**
Von Christian Müller. ISBN 3-540-13041-1.
1983. 129 Seiten mit 34 Abbildungen. 58,– DM

76 **Berechnung der Gestaltänderung von Profilen infolge Strahlverschleiß**
Von Wolfgang Marx. ISBN 3-540-13054-3.
1983. 121 Seiten mit 58 Abbildungen. 58,– DM

77 **Algorithmen zur flexiblen Gestaltung der kurzfristigen Fertigungssteuerung**
Von Rudolf E. Scheiber. ISBN 3-540-13500-6.
1984, 150 Seiten mit 73 Abbildungen und 1 Tabelle. 63.– DM

78 **Galvanisieren mit moduliertem Strom**
Von Jürgen Wolfgang Mann. ISBN 3-540-13733-5.
1984, 145 Seiten und 58 Abbildungen. 63,– DM

79 **Fluoreszenzmeßverfahren zur Schmierfilmdickenmessung in Wälzlagern**
Von Wolfgang Schmutz. ISBN 3-540-13777-7.
1984, 141 Seiten und 66 Abbildungen. 63,– DM

IPA-IAO Forschung und Praxis

Berichte aus dem Fraunhofer-Institut für Produktionstechnik und Automatisierung (IPA), Stuttgart, Fraunhofer-Institut für Arbeitswirtschaft und Organisation (IAO), Stuttgart, und Institut für Industrielle Fertigung und Fabrikbetrieb der Universität Stuttgart

Herausgeber: Prof. Dr.-Ing. Dr. h. c. mult. H.-J. Warnecke und Prof. Dr.-Ing. habil. Prof. E. h. Dr. h. c. H.-J. Bullinger

---

80 **Flexibilität und Kapazität von Werkstückspeichersystemen**
Von Bernhard Graf. ISBN 3-540-13970-2.
1984, 115 Seiten mit 71 Abbildungen. 63,– DM

T1 **Flexible Fertigungssysteme**
17. IPA-Arbeitstagung zusammen mit der 3. Internationalen Konferenz „Flexible Manufacturing Systems (FMS-3)", ISBN 3-540-13807-2.
1984, 249 Seiten mit zahlreichen Abbildungen. 118,– DM

T2 **Integrierte Bürosysteme**
3. IAO-Arbeitstagung. ISBN 3-540-13978-8.
1984, 633 Seiten mit zahlreichen Abbildungen. 168,– DM

81 **Rechnerunterstützte Planung von Montageablaufstrukturen für Erzeugnisse der Serienfertigung**
Von Ernst-Dieter Ammer. ISBN 3-540-15056-0.
1985, 120 Seiten mit 1 Faltblatt und 33 Abbildungen. 63,– DM

82 **Flexibilität von personalintensiven Montagesystemen bei Serienfertigung**
Von Heinrich Vähning. ISBN 3-540-15093-5.
1985, 152 Seiten mit 49 Abbildungen. 63,– DM

83 **Ordnen von Werkstücken mit programmierbaren Handhabungsgeräten und Werkstückerkennungssensoren**
Von Ingo Schmidt. ISBN 3-540-15375-6.
1985, 111 Seiten mit 66 Abbildungen. 63,– DM

84 **Systematische Investitionsplanung**
Von Jorge Moser. ISBN 3-540-15370-5.
1985, 190 Seiten mit 69 Abbildungen. 63,– DM

T3 **Montage · Handhabung · Industrieroboter**
Internationaler MHI-Kongreß im Rahmen der Hannover-Messe '85. ISBN 3-540-15500-7.
1985, 267 Seiten mit zahlreichen Abbildungen. 128,– DM

85 **Flexible Montagesysteme – Konzeption und Feinplanung durch Kombination von Elementen**
Von Peter Konold / Bernd Weller. ISBN 3-540-15606-2.
1985, 162 Seiten mit 71 Abbildungen und 9 Tabellen. 63,– DM

T4 **Menschen · Arbeit · Neue Technologien**
4. IAO-Arbeitstagung zusammen mit der 2. Internationalen Konferenz „Human Factors in Manufacturing". ISBN 3-540-15763-8.
1985, 442 Seiten mit zahlreichen Abbildungen. 168,– DM

86 **Leitstandunterstützte kurzfristige Fertigungssteuerung bei Einzel- und Kleinserienfertigung**
Von Lothar Aldinger. ISBN 3-540-15903-7
1985, 151 Seiten mit 49 Abbildungen und 2 Tabellen. 63,– DM

87 **Bestimmen des Bürstenverhaltens anhand einer Einzelborste**
Von Klaus Przyklenk. ISBN 3-540-15956-8.
1985, 117 Seiten mit 74 Abbildungen. 63,– DM

88 **Montage großvolumiger Produkte mit Industrierobotern**
Von Jörg Walther. ISBN 3-540-16027-2.
1985, 125 Seiten mit 58 Abbildungen. 63,– DM

89 **Algorithmen und Verfahren zur Erstellung innerbetrieblicher Anordnungspläne**
Von Wilhelm Dangelmaier. ISBN 3-540-16144-9.
1986, 268 Seiten mit 79 Abbildungen. 68,– DM

90 **Bewertung der Instandhaltung von Fertigungssystemen in der technischen Investitionsplanung**
Von Hagen U. Uetz. ISBN 3-540-16166-X.
1986, 129 Seiten mit 38 Abbildungen. 68,– DM

91 **Entgraten durch Hochdruckwasserstrahlen**
Von Manfred Schlatter. ISBN 3-540-16172-4.
1986, 167 Seiten mit 89 Abbildungen und 18 Tabellen. 68,– DM

92 **Werkstückorientierte Verfahrensauswahl zum Gußputzen mit Industrierobotern**
Von Wolfgang Sturz. ISBN 3-540-16224-0.
1986, 156 Seiten mit 59 Abbildungen. 68,– DM

93 **Verfahren zur Verringerung von Modell-Mix-Verlusten in Fließmontagen**
Von Reinhard Koether. ISBN 3-540-16499-5.
1986, 175 Seiten mit 46 Abbildungen und 1 Tabelle. 68,– DM

94 **Entwicklung und Einsatz eines interaktiven Verfahrens zur Leistungsabstimmung von Montagesystemen**
Von Günter Schad. ISBN 3-540-16978-4.
1986, 120 Seiten mit 31 Abbildungen und 1 Tabelle. 68,– DM

95 **Qualifizierung an Industrierobotern**
Von Wolfgang Bachl. ISBN 3-540-17018-9.
1986, 218 Seiten mit 30 Abbildungen. 68,– DM

96 **Rechnersimulation des Beschichtungsprozesses beim Elektrotauchlackieren – Anwendung zum Berechnen des Umgriffs**
Von Otto Baumgärtner. ISBN 3-540-17102-9.
1986, 113 Seiten mit 42 Abbildungen. 68,– DM

97 **Ergonomische Gestaltung von Rotationsstellteilen für grob- und sensomotorische Tätigkeiten**
Von Werner F. Muntzinger. ISBN 3-540-17247-5.
1986, 135 Seiten mit 51 Abbildungen und 33 Tabellen. 68,– DM

98 **Die optische Rauheitsmessung in der Qualitätstechnik**
Von R.-J. Ahlers. ISBN 3-540-17242-4.
1986, 133 Seiten mit 56 Abbildungen und 2 Tabellen. 68,– DM

99 **Maschinelle Spracherkennung zur Verbesserung der Mensch-Maschine-Schnittstelle**
Von Gerhard Rigoll. ISBN 3-540-17350-1.
1986, 134 Seiten mit 55 Abbildungen. 68,– DM

100 **Konzeption und Auswahl modularer Magazinpaletten**
Von Thomas Zipse. ISBN 3-540-17584-9.
1987, 126 Seiten mit 54 Abbildungen. 68,– DM

101 **Anschlüsse an Kupferrohre – Herstellung und Automatisierungsmöglichkeit**
Von Eberhard Rauschnabel. ISBN 3-540-17807-4.
1987, 120 Seiten mit 88 Abbildungen. 68,– DM

102 **Mengen- und ablauforientierte Kapazitätsplanung von Montagesystemen**
Von Hans Sauer. ISBN 3-540-17815-5.
1987, 156 Seiten mit 64 Abbildungen. 68,– DM

103 **Verfahrensinstrumentarium zur Werkstückauswahl und Auslegung von Industrieroboterschweißsystemen**
Von Herbert Gzik. ISBN 3-540-17928-3.
1987, 138 Seiten mit 56 Abbildungen. 68,– DM

104 **Integration von Förder- und Handhabungseinrichtungen**
Von Joachim Schuler. ISBN 3-540-17955-0.
1987, 153 Seiten mit 61 Abbildungen. 68,– DM

105 **Produktionsmengen- und -terminplanung bei mehrstufiger Linienfertigung**
Von H. Kühnle. ISBN 3-540-18038-9.
1987, 124 Seiten mit 25 Abbildungen. 68,– DM

106 **Untersuchung des Plasmaschneidens zum Gußputzen mit Industrierobotern**
Von Jong-Oh Park. ISBN 3-540-18037-0.
1987, 142 Seiten mit 70 Abbildungen. 68,– DM

107 **Fügen von biegeschlaffen Steckkontakten mit Industrierobotern**
Von Daegab Gweon. ISBN 3-540-18134-2.
1987, 115 Seiten mit 13 Abbildungen. 68,– DM

108 **Entwicklung eines biomechanischen Modells des Hand-Arm-Systems**
Von Georgios Tsotsis. ISBN 3-540-18135-0.
1987, 163 Seiten mit 45 Abbildungen. 68,– DM

109 **Ein Beitrag zur Planungssystematik für die automatisierte flexible Blechteilefertigung**
Von Thomas Weber. ISBN 3-540-18136-9.
1987, 149 Seiten mit 56 Abbildungen. 68,– DM

110 **Entwicklung eines Meßverfahrens zur Bestimmung des Positionier- und Orientierungsverhaltens von Industrierobotern**
Von Günter Schiele. ISBN 3-540-18137-7.
1987, 116 Seiten mit 48 Abbildungen. 68,– DM

111 **Schwingungsbelastung beim Arbeiten mit handgeführten, einachsigen Motormähgeräten**
Von Peter Kern. ISBN 3-540-18193-8.
1987, 145 Seiten mit 43 Abbildungen und 5 Tabellen. 68,– DM

112 **Entwicklung eines berührungslosen Tastsystems für den Einsatz an Koordinatenmeßgeräten**
Von Hie-Sik Kim. ISBN 3-540-18578-X.
1987, 111 Seiten mit 62 Abbildungen und 4 Tabellen. 68,– DM

113 **Qualifizierung an Industrierobotern – Ziele, Inhalte und Methoden**
Von Volker Korndörfer. ISBN 3-540-18618-2.
1987, 318 Seiten mit 100 Abbildungen. 68,– DM

114 **Funktional und räumlich variables und modulares Laborgerätesystem**
Von Alfred Mack. ISBN 3-540-18786-3.
1988, 116 Seiten mit 39 Abbildungen. 73,– DM

115 **Produktrecycling im Maschinenbau**
Von Rolf Steinhilper. ISBN 3-540-18849-5.
1988, 167 Seiten mit 50 Abbildungen. 73,– DM

116 **Integration der montagegerechten Produktgestaltung in den Konstruktionsprozeß**
Von Rudolf Bäßler. ISBN 3-540-19058-9.
1988, 133 Seiten mit 49 Abbildungen. 73,– DM

117 **Ein Algorithmus zur kapazitätsorientierten Bildung von Losen**
Von Tilmann Greiner. ISBN 3-540-19300-6.
1988, 135 Seiten mit 37 Abbildungen. 73,– DM

118 **Kabelbaummontage mit Industrierobotern**
Von Gerd Schlaich. ISBN 3-540-19301-4.
1988, 131 Seiten mit 62 Abbildungen. 73,– DM

119 **Beitrag zur Verbesserung der Fertigungskostentransparenz bei Großserienfertigung mit Produktvielfalt**
Von Albrecht Köhler. ISBN 3-540-19393-6.
1988, 148 Seiten mit 72 Abbildungen. 73,– DM

120 **Entwicklungs- und Planungshilfen zum Aufbau von flexiblen Ordnungssystemen**
Von Rainer Schanz. ISBN 3-540-19394-4.
1988, 104 Seiten mit 48 Abbildungen. 73,– DM

121 **Bestücken von Leiterplatten mit Industrierobotern**
Von Ernst Wolf. ISBN 3-540-50013-8.
1988, 132 Seiten mit 63 Abbildungen. 73,– DM

122 **Verschleißvorgänge beim Querschneiden dünner Bahnen**
Von Thomas Hülsmann. ISBN 3-540-50049-9.
1988, 126 Seiten mit 47 Abbildungen und 5 Tabellen. 73,– DM

123 **Geometrieprüfung in der Fertigungsmeßtechnik mit bildverarbeitenden Systemen**
Von Claus P. Keferstein. ISBN 3-540-50050-2.
1988, 128 Seiten mit 53 Abbildungen. 73,– DM

124 **Modulares Simulationsmodell für die Abläufe in verketteten Fertigungszellen mit Industrierobotern**
Von Kum-Hoan Kuk. ISBN 3-540-50069-3.
1988, 130 Seiten mit 57 Abbildungen. 73,– DM

125 **Montage von Schläuchen mit Industrierobotern**
Von Bruno Frankenhauser. ISBN 3-540-50072-3.
1988, 139 Seiten mit 63 Abbildungen. 73,– DM

126 **Kommissioniersystem mit Roboter und Mehrstückgreifer**
Von Klaus Baumeister. ISBN 3-540-50133-9.
1988, 104 Seiten mit 53 Abbildungen. 73,– DM

127 **Sensorunterstütztes Programmierverfahren für das Entgraten mit Industrierobotern**
Von Dieter Boley. ISBN 3-540-50175-4.
1988, 128 Seiten mit 67 Abbildungen. 73,– DM

128 **Die Arbeitsraumgestaltung manueller Montagearbeitsplätze mit graphischen und wissensbasierten Methoden**
Von Klaus Lay. ISBN 3-540-50259-9.
1988, 129 Seiten mit 50 Abbildungen und 7 Tabellen. 73,– DM

129 **Automatisierung des Biegerichtens**
Von Stefan Thiel. ISBN 3-540-50432-X.
1988, 142 Seiten mit 57 Abbildungen und 5 Tabellen. 73,– DM

130 **Rechnergestützte Verfahren zur Auslegung der Mechanik von Industrierobotern**
Von Martin-Christoph Wanner. ISBN 3-540-50640-3.
1989, 202 Seiten mit 80 Abbildungen. 73,– DM

131 **Entwicklung eines bestandsorientierten Fertigungssteuerungssystems für die Großserienfertigung am Beispiel des Automobilbaus**
Von G. Hachtel. ISBN 3-540-50639-X.
1989, 163 Seiten mit 34 Abbildungen und 6 Tabellen. 73,– DM

132 **Ergonomische Gestaltung der Benutzerschnittstelle am Antriebssystem des Greifreifenrollstuhls**
Von Ludwig Traut. ISBN 3-540-50877-5.
1989, 210 Seiten mit 127 Abbildungen. 73,– DM

133 **Planung taktzeitoptimierter flexibler Montagestationen**
Von Joachim Schöninger. ISBN 3-540-50896-1.
1989, 122 Seiten mit 47 Abbildungen. 73,– DM

134 **Ein Modell für ein integriertes Qualitäts- und Prüfplanungssystem in der Montage**
Von Josef R. Kring. ISBN 3-540-51195-4.
1989, 140 Seiten mit 60 Abbildungen. 73,– DM

135 **Fertigungsstrukturierung auf der Basis von Teilefamilien**
Von Manfred Auch. ISBN 3-540-51290-X.
1989, 138 Seiten mit 34 Abbildungen. 73,– DM

136 **Kollisionsbehandlung als Grundbaustein eines modularen Industrieroboter-Off-line-Programmiersystems**
Von Andreas Altenhein. ISBN 3-540-51418-X.
1989, 129 Seiten mit 53 Abbildungen. 73,– DM

137 **Ein Beitrag zur Planung und Bewertung Neuer Arbeitsstrukturen in NE-Metallgießereien Dargestellt am Beispiel der Fertigungsinsel**
Von Horst Nespeta. ISBN 3-540-51419-8.
1989, 157 Seiten mit 58 Abbildungen. 73,– DM

138 **Verfahren zur Prüfung der Partikelkontamination in Versorgungssystemen für hochreine Flüssigkeiten**
Von Rolf Herz. ISBN 3-540-51457-0.
1989, 123 Seiten mit 61 Abbildungen. 73,– DM

139 **Messung gekrümmter Flächen mit berührungslosen Verfahren**
Von Leo Schreiber. ISBN 3-540-51493-7.
1989, 119 Seiten mit 72 Abbildungen. 73,– DM

140 **Automatisiertes Lackieren mit steuerbaren Spritzpistolen**
Von Konrad A. Ortlieb. ISBN 3-540-51518-6.
1989, 121 Seiten mit 45 Abbildungen. 73,– DM

141 **Grundlagen zur Entwicklung reinraumtauglicher Handhabungssysteme**
Von Jürgen Geißinger. ISBN 3-540-51959-9.
1989, 124 Seiten mit 82 Abbildungen. 73,– DM

142 **CAD-Video-Somatographie**
Entwicklung und Bewertung einer Methode zur anthropometrischen Arbeitsgestaltung
Von Dieter Lorenz. ISBN 3-540-52163-1.
1989, 169 Seiten mit 61 Abbildungen. 73,– DM

143 **Eine Systemarchitektur für die Gestaltung und das Management verteilter Informationssysteme**
Von Andreas J. Ness. ISBN 3-540-52224-7.
1990, 203 Seiten mit 62 Abbildungen. 78,– DM

144 **Untersuchungen über den optisch-physiologischen Eindruck der Oberflächenstruktur von Lackfilmen**
Von Horst Schene. ISBN 3-540-52226-3.
1990, 149 Seiten mit 106 Abbildungen. 78,– DM

145 **Planungsmethodik für ein Qualitätskostensystem**
Von Alfred Rauba. ISBN 3-540-52477-0.
1990, 166 Seiten mit 73 Abbildungen. 78,– DM

146 **Kleinserienbestückung von Leiterplatten mit bedrahteten Bauelementen durch Industrieroboter**
Von Martin Domm. ISBN 3-540-52867-9.
1990, 106 Seiten mit 48 Abbildungen. 78,– DM

147 **Sensor- und Steuerungssystem für die leitlinienlose Führung automatischer Flurförderzeuge**
Von Gerhard Drunk. ISBN 3-540-53033-9.
1990, 135 Seiten mit 52 Abbildungen. 78,– DM

148 **Ein System zur wissensbasierten Diagnose an CNC-Werkzeugmaschinen durch den Maschinenbediener**
Von Klaus-Peter Fähnrich. ISBN 3-540-53034-7.
1990, 132 Seiten mit 48 Abbildungen und 18 Tabellen. 78,– DM

149 **Werkstückbegleitender Informationsspeicher als Basis für ein informationstechnisches Konzept für Halbleiterfertigungen**
Von Klaus-Dieter Sauter. ISBN 3-540-53236-6.
1990, 115 Seiten mit 55 Abbildungen. 78,– DM

150 **Ein Planungsverfahren zur Erkennung und Bewältigung von Material- und Kapazitätsengpässen bei mehrstufiger Linienfertigung**
Von Ralf-Michael Fuchs. ISBN 3-540-53271-4.
1990, 176 Seiten mit 65 Abbildungen. 78,– DM

151 **Montage von Schrauben mit Industrierobotern**
Von Gernot E. Fischer. ISBN 3-540-53519-5.
1990, 97 Seiten mit 37 Abbildungen. 78,– DM

152 **Flächenorientierte Termin- und Kapazitätsplanung bei innerbetrieblicher Baustellenfertigung**
Von Rolf Schlauch. ISBN 3-540-53584-5.
1990, 130 Seiten mit 53 Abbildungen. 78,– DM

153 **Wissensbasierte Entscheidungsunterstützung bei der Auswahl von Industrierobotern**
Von Günter Jordan. ISBN 3-540-53744-9.
1991, 116 Seiten mit 49 Abbildungen. 78,– DM

154 **Simulationssystem für Fertigungsprozesse mit Stückgutcharakter**
Ein gegenstandsorientiertes System mit parametrisierter Netzwerkmodellierung
Von Bernd-Dietmar Becker. ISBN 3-540-53847-X.
1991, 162 Seiten mit 48 Abbildungen und 47 Tabellen. 78,– DM

155 **Algorithmen der Sprachverarbeitung zur Entwicklung eines vollsynthetischen Sprachausgabesystems**
Von Gerhard Rigoll. ISBN 3-540-53870-4.
1991, 321 Seiten mit 235 Abbildungen. 78,– DM

156 **Wissensbasierte CAD-Systemkomponente zum Entwurf montagegerechter Produkte**
Von Ralph Richter. ISBN 3-540-54725-8.
1991, 137 Seiten mit 56 Abbildungen. 78,– DM

157 **Heftschweißverfahren für das Lagefixieren von Werkstücken beim Schutzgasschweißen mit Industrierobotern**
Von Carsten Martin Claussen. ISBN 3-540-54951-X.
1991, 140 Seiten mit 43 Abbildungen. 78,– DM

158 **Ein Beitrag zur Meßdatenverarbeitung in der Koordinatenmeßtechnik**
Von Thomas Garbrecht. ISBN 3-540-55030-5.
1991, 135 Seiten mit 94 Abbildungen und 5 Tabellen. 78,– DM

159 **Ein Beitrag zur Planung und Optimierung der Verfahrensteilung in der Fertigung**
Von Hans-Peter Roth. ISBN 3-540-55113-1.
1992, 130 Seiten mit 50 Abbildungen. 78,– DM

160 **Flexible Montage von Leitungssätzen mit Industrierobotern**
Von Herbert H. Emmerich ISBN 3-540-55227-8.
1992, 135 Seiten mit 70 Abbildungen. 88,– DM

161 **Toleranzausgleichssysteme für Industrieroboter am Beispiel des feinwerktechnischen Bolzen-Loch-Problems**
Von Uwe Schweigert ISBN 3-540-55228-6.
1992, 119 Seiten mit 61 Abbildungen. 88,– DM

162 **Entwicklung eines interaktiven Simulators auf der Basis von Petri-Netzen zur Modellierung und Bewertung hybrider Montagestrukturen**
Von W. Schweizer ISBN 3-540-55229-4.
1992, 159 Seiten mit 76 Abbildungen. 88,– DM

163 **Entwicklung eines Verfahrens zur rechnerunterstützten Gestaltung verteilter Informationssysteme**
Von Friedemann Reim ISBN 3-540-55269-3.
1992, 151 Seiten mit 43 Abbildungen. 88,– DM

164 **EDV-gestützte Planungs- und Entscheidungshilfen zur Auslegung von Produktionsstrukturen mit strukturkostenoptimierten Dezentralen Verantwortungsbereichen**
Von Ulrich Hallwachs ISBN 3-540-55477-7.
1992, 186 Seiten mit 66 Abbildungen. 88,– DM

165 **Strömungstechnische Auslegung reinraumtauglicher Fertigungseinrichtungen**
Von Elmar Degenhart ISBN 3-540-55478-5.
1992, 137 Seiten mit 72 Abbildungen. 88,– DM

166 **Synthese und Simulation dreidimensionaler Hand-Arm-Bewegungen an manuellen Montagearbeitsplätzen**
Von Raimund Menges ISBN 3-540-55752-0.
1992, 215 Seiten mit 70 Abbildungen. 88,– DM

167 **Bewertung inhomogener fraktaler Strukturen und Skalenanalyse von Texturen**
Von Uwe Müssigmann ISBN 3-540-55796-2.
1992, 99 Seiten mit 43 Abbildungen. 88,– DM

168 **Ein Informationssystem für Instandhaltungsleitstellen**
Von Wilfried Sihn ISBN 3-540-55853-5.
1992, 167 Seiten mit 67 Abbildungen. 88,– DM

169 **Verfahren zum automatischen Palettieren von quaderförmigen Packstücken im beliebigen Sortenmix**
Von Walter Michael Strommer ISBN 3-540-55922-1.
1992, 105 Seiten mit 47 Abbildungen. 88,– DM

170 **Planung der Kinematik von Industrierobotersystemen zum Schutzgasschweißen im Schiffbau**
Von Wolfgang Utner ISBN 3-540-55923-X.
1992, 134 Seiten mit 31 Abbildungen und 3 Tabellen. 88,– DM

171 **Montage von Pressverbindungen mit Industrierobotern**
Von Günther Würtz ISBN 3-540-56300-8.
1992, 124 Seiten mit 55 Abbildungen. 88,– DM

172 **Rationalisierungspotential der montagegerechten Produktgestaltung bei der Montage mit Industrierobotern**
Von Thomas Schmaus ISBN 3-540-56400-4.
1992, 122 Seiten mit 55 Abbildungen. 88,– DM

173 **Erhöhung der Variantenflexibilität in Mehrmodell-Montagesystemen durch ein Verfahren zur Leistungsabstimmung**
Von Felix Fremerey ISBN 3-540-56549-3.
1993, 150 Seiten mit 38 Abbildungen und 6 Tabellen. 88,– DM

174 **Automatische Montage von O-Ringen**
Von Johannes F. Wößner ISBN 3-540-56657-0.
1993, 94 Seiten mit 43 Abbildungen. 88,– DM

175 **Systeme kombinierter multimodaler Mensch-Rechner-Interaktionen**
Von Karl-Heinz Hanne ISBN 3-540-56687-2.
1993, 131 Seiten mit 46 Abbildungen. 88,– DM

176 **Regelbasiertes Verfahren zur Montageablaufplanung in der Serienfertigung**
Von Klaus Thaler ISBN 3-540-56829-8.
1993, 132 Seiten mit 63 Abbildungen. 88,– DM

177 **Rechnergestütztes Bediensystem für einen Telemanipulator zur Sanierung von gemauerten Abwasserkanälen**
Von Kurt Alexander Schließmann ISBN 3-540-56875-1.
1993, 135 Seiten mit 57 Abbildungen und 7 Tabellen. 88,– DM

178 **Konturantastende und optoelektronische Koordinatenmeßgeräte für den industriellen Einsatz**
Von Wolfgang Rauh ISBN 3-540-56876-X.
1993, 124 Seiten mit 40 Abbildungen. 88,– DM

179 **Konzeption für ein Sensor- und Steuerungssystem zur automatischen Führung eines Walzenschrämladers entlang der Grenzlinie von Kohle und Nebengestein**
Von Stephan Matthias Forster ISBN 3-540-57159-0.
1993, 147 Seiten mit 63 Abbildungen. 88,– DM

180 **Ein dreidimensionales Bildverarbeitungssystem für die Automatisierung visueller Prüfvorgänge**
Von Jianzhong Lu ISBN 3-540-57160-4.
1993, 113 Seiten mit 45 Abbildungen und 2 Tabellen. 88,– DM

181 **Erschließung technischer und organisatorischer Potentiale durch die Komplettbearbeitung auf Drehmaschinen mit Hilfe der Teileanalyse**
Von Helmut Schaal ISBN 3-540-57212-0.
1993, 126 Seiten mit 42 Abbildungen und 2 Tabellen. 88,– DM

182 **Prüfverfahren zur Untersuchung der Partikelreinheit technischer Oberflächen**
Von Bernhard Klumpp ISBN 3-540-57302-X.
1993, 108 Seiten mit 50 Abbildungen. 88,– DM

183 **Automatisierung der Justage von Drehankerrelais**
Von G. Krüll ISBN 3-540-57303-8.
1993, 113 Seiten mit 59 Abbildungen. 88,– DM

184 **Prozeßstrukturen der chemischen Vernickelung**
Von Hans Gut ISBN 3-540-57304-6.
1993, 108 Seiten mit 37 Abbildungen und 5 Tabellen. 88,– DM

185 **Ein Verfahren zur Konstruktion anwendungoptimierter Ultraschallsensoren auf der Basis von Schallkanälen**
Von Achim Langen ISBN 3-540-57376-3.
1993, 140 Seiten mit 72 Abbildungen. 88,– DM

186 **Ein rechnerunterstütztes System für die technische Dokumentation und Übersetzung**
Von Renate Mayer ISBN 3-540-57409-3.
1993, 126 Seiten mit 59 Abbildungen. 88,– DM

187 **Theoretische und experimentelle Untersuchungen an dreidimensionalen Wirbelströmungen für industrielle Absauganlagen**
Von Wolf-Jürgen Denner ISBN 3-540-57410-7.
1993, 141 Seiten mit 78 Abbildungen und 10 Tabellen. 88,– DM

188 **Planungsmethodik für den Aufbau von Qualitätssicherungssystemen in kleinen und mittleren Produktionsunternehmen**
Von Rainer Hummel ISBN 3-540-57727-0.
1993, 221 Seiten mit 114 Abbildungen und 6 Tabellen. 88,– DM

189 **Plasmamodifikation von Kunststoffoberflächen zur Haftfestigkeitssteigerung von Metallschichten**
Von Dieter Andreas Mann ISBN 3-540-57745-9.
1994, 133 Seiten mit 83 Abbildungen und 6 Tabellen. 88,– DM

190 **Softwareentwicklung für speicherprogrammierbare Steuerungen im integrierten, rechnergestützten Konstruktionsprozeß**
Von Kornelius Hengel ISBN 3-540-57765-3.
1994, 133 Seiten mit 48 Abbildungen. 88,– DM

191 **Vorrichtungssysteme für die flexibel automatisierte Montage**
Von Armin Willy ISBN 3-540-57784-X.
1994, 121 Seiten mit 60 Abbildungen. 88,– DM

192 **Wissensbasiertes Selbstheilungs- und Diagnosesystem für CNC-Koordinatenmeßgeräte**
Von Wilhelm Steger ISBN 3-540-57829-3.
1994, 147 Seiten mit 79 Abbildungen. 88,– DM

193 **Modell für ein rechnerunterstütztes Qualitätssicherungssystem gemäß DIN ISO 9000 ff.**
Von Ulrich Lübbe ISBN 3-540-57831-5.
1994, 152 Seiten mit 59 Abbildungen. 88,– DM

194 **Vorgehenssystematik zum Prototyping graphisch-interaktiver Audio/Video-Schnittstellen**
Von Claus Görner ISBN 3-540-57886-2.
1994, 181 Seiten mit 66 Abbildungen. 88,– DM

195 **Bewertung von Rechnerinvestitionen durch den Vergleich von Wertschöpfungsketten**
Von Christian F. Mayer ISBN 3-540-57969-9.
1994, 144 Seiten mit 45 Abbildungen und 24 Tabellen. 88,– DM

196 **Ein Verfahren zur kostenorientierten Produktionsprogramm- und Kapazitätsplanung bei losweiser Montage**
Von J. Kurz ISBN 3-540-57971-0.
1994, 124 Seiten mit 26 Abbildungen und 3 Tabellen. 88,– DM

197 **Direktmontage von Leitungen mit Industrierobotern**
Von Stefan Koller ISBN 3-540-58224-X.
1994, 105 Seiten mit 52 Abbildungen. 88,– DM

198 **Eine objektorientierte Architektur für Leitstände zur Feinplanung**
Von Thomas Otterbein ISBN 3-540-58273-8.
1994, 183 Seiten mit 90 Abbildungen. 88,– DM

199 **Erhöhung der Fertigungssicherheit und -qualität beim Hochdruckwasserstrahlen durch den Einsatz von Sensoren**
Von Michael Knaupp ISBN 3-540-58440-4.
1994, 117 Seiten mit 101 Abbildungen. 88,– DM

200 **Verfahren zur Bewertung von Auftrags-Durchlaufzeiten in den indirekt-produktiven Bereichen von Maschinenbau-Unternehmen**
Von Robert Müller ISBN 3-540-58478-1.
1994, 152 Seiten mit 32 Abbildungen. 88,– DM

201 **Verfahrensprüfstand für das Bearbeiten mit Industrierobotern**
Von Peter Schlaich ISBN 3-540-58510-9.
1994, 114 Seiten mit 60 Abbildungen. 88,– DM

202 **Entwicklung und Optimierung von Prozeßkomponenten zur ionenunterstützten Abscheidung bei PVD-Verfahren**
Von Walter Olbrich ISBN 3-540-58511-7.
1994, 126 Seiten mit 62 Abbildungen und 7 Tabellen. 88,– DM

203 **Verfahren der Konturanalyse zur Automatisierung visueller Prüfvorgänge**
Von Knut Kille ISBN 3-540-58513-3.
1994, 105 Seiten mit 50 Abbildungen und 15 Tabellen. 88,– DM

204 **Verfahren zur Verbesserung der Ausfallsicherheit verteilter Informationssysteme**
Von Helmut Meitner ISBN 3-540-58623-7.
1995, 196 Seiten mit 54 Abbildungen und 13 Tabellen. 88,– DM

205 **Ein unscharfes Planungsverfahren zur mittelfristigen Personalkapazitätsanpassung für die bedarfsorientierte Serienproduktion**
Von Hans-Jürgen Braun ISBN 3-540-58819-1.
1995, 164 Seiten mit 40 Abbildungen und 10 Tabellen. 88,– DM

206 **Rechnergestützte Auslegungsverfahren für Großmanipulatoren mit Gelenkarmkinematik**
Von Werner Engeln ISBN 3-540-58871-X.
1995, 135 Seiten mit 52 Abbildungen und 18 Tabellen. 88,– DM

207 **Montagestrukturplanung für variantenreiche Serienprodukte**
Von Ulrich Zeile ISBN 3-540-58937-6.
1995, 122 Seiten mit 65 Abbildungen. 88,– DM

208 **Entwicklung eines objektorientierten Informationssystems zur optimierten Werkstoffauswahl**
Von Dietmar R. Fischer ISBN 3-540-58938-4.
1995, 193 Seiten mit 37 Abbildungen und 14 Tabellen. 88,– DM

209 **Entwicklung einer flexibel automatisierten Nähanlage**
Von Oliver Krockenberger ISBN 3-540-58939-2.
1995, 122 Seiten mit 75 Abbildungen. 88,– DM

210 **Ultraschallbahnschweißen von Kunststoffteilen mit Industrierobotern**
Von Thomas Wagner ISBN 3-540-58940-6.
1995, 93 Seiten mit 37 Abbildungen. 88,– DM

211 **Flexibel automatisierte Montage hochpoliger Rundkabel**
Von Ralf Cramer ISBN 3-540-58979-1.
1995, 116 Seiten mit 59 Abbildungen. 88,– DM

212 **Automatische Reparatur elektronischer Baugruppen**
Von Thomas Leicht ISBN 3-540-59015-3.
1995, 99 Seiten mit 46 Abbildungen. 88,– DM

213 **Montage von Schlauchschellen mit Industrierobotern**
Von Herbert Dreher ISBN 3-540-59035-8.
1995, 103 Seiten mit 63 Abbildungen. 88,– DM

214 **Arbeitsprogrammgenerierung zum Schutzgasschweißen mit Industrierobotersystemen im Schiffbau**
Von Peter Schmid ISBN 3-540-59058-7.
1995, 131 Seiten mit 42 Abbildungen. 88,– DM

215 **Flexible Demontage mit dem Industrieroboter am Beispiel von Fernsprech-Endgeräten**
Von Martin Kahmeyer ISBN 3-540-59390-X.
1995, 99 Seiten mit 52 Abbildungen. 88,– DM

216 **Der logisch-pragmatische Gebrauch von Konditionalsätzen. Eine dialog-logische Analyse**
Von Antonius Jacobus Maria van Hoof ISBN 3-540-59463-9.
1995, 146 Seiten mit 65 Abbildungen. 88,– DM

217 **Arbeits- und organisationspsychologische Interventionen bei der Einführung von Gruppenarbeit in dezentral ausgerichteten Fertigungsinseln**
Von Manfred Schlund ISBN 3-540-60012-4.
1995, 426 Seiten mit 24 Abbildungen und 29 Tabellen. 88,– DM

218 **Herstellung geformter Schläuche mit Formdornen aus Formgedächtnislegierung**
Von Thomas Weisener ISBN 3-540-60019-1.
1995, 88 Seiten mit 48 Abbildungen. 88,– DM

219 **Benutzerwerkzeuge an Fertigungssteuerungs-Leitständen**
Von Manfred Kroneberg ISBN 3-540-60096-5.
1995, 154 Seiten mit 84 Abbildungen. 88,– DM

220 **Werkstattsteuerung mit genetischen Algorithmen und simulativer Bewertung**
Von Jörg Schulte ISBN 3-540-60281-X.
1995, 163 Seiten mit 55 Abbildungen und 7 Tabellen. 88,– DM

221 **Ein Verfahren zur automatischen Generierung von softwareergonomisch gestalteten Benutzungsoberflächen**
Von Anette Weisbecker ISBN 3-540-60242-9.
1995, 140 Seiten mit 38 Abbildungen und 48 Tabellen. 88,– DM

222 **Verfahren zur Reduzierung der Hand-Arm-Schwingungsbelastung an Trennschleifern**
Von Rainer Eckert ISBN 3-540-60282-8.
1995, 187 Seiten mit 80 Abbildungen und 23 Tabellen. 88,– DM

223 **Individualisierbare heuristische Einplanung für rechnerbasierte Leitstände**
Von Andreas Huthmann ISBN 3-540-60424-3.
1995, 137 Seiten mit 74 Abbildungen. 88,– DM

224 **Recycling von Wasserlackoverspray durch Elektrophorese**
Von Klaus Berewinkel ISBN 3-540-60519-3.
1996, 177 Seiten mit 75 Abbildungen. 88,– DM

225 **Wissensbasierte Programmierung von Industrierobotern zum Schutzgasschweißen im Stahlhochbau**
Von Christoph Hartfuss ISBN 3-540-60661-0.
1996, 123 Seiten mit 48 Abbildungen. 88,– DM

226 **Verfahren zur Gestaltung rechnergestützter Büroprozesse**
Von Michael Rathgeb ISBN 3-540-60660-2.
1996, 278 Seiten mit 69 Abbildungen. 88,– DM

227 **Dialogentwicklung für objektorientierte, graphische Benutzungsschnittstellen**
Von Christian Janssen ISBN 3-540-60719-6.
1996, 154 Seiten mit 70 Abbildungen und 4 Tabellen. 88,– DM

228 **Bewertung und Verbesserung der fertigungsgerechten Gestaltung von Blechwerkstücken**
Von Ulrich Abele ISBN 3-540-61019-7.
1996, 184 Seiten mit 72 Abbildungen. 88,– DM

229 **Merkmalsbasierte Definition von Freiformgeometrien auf der Basis räumlicher Punktwolken**
Von Sabine Roth-Koch ISBN 3-540-61020-0.
1996, 145 Seiten mit 68 Abbildungen. 88,– DM

230 **Fokussierung im Dialog: Aspekte der Fokusintonation im Deutschen**
Von Joachim Machate ISBN 3-540-61165-7.
1996, 155 Seiten mit 22 Abbildungen und 22 Tabellen. 88,– DM

231 **Qualitätsgerechte Auslegung flexibler Produktionssysteme mit Hilfe von Simulation**
Von Egbert Englert ISBN 3-540-61277-7.
1996, 126 Seiten mit 60 Abbildungen. 88,– DM

232 **Projektierungsverfahren für technische Software dargestellt an wissensbasierten Systemen**
Von Eberhard Kurz ISBN 3-540-61426-5.
1996, 129 Seiten mit 57 Abbildungen. 88,– DM

233 **Typologie zur systematischen Gestaltung der Arbeitsorganisation für Flexible Fertigungssysteme**
Von Sabine Stephan ISBN 3-540-61465-6.
1996, 186 Seiten mit 39 Abbildungen und 63 Tabellen. 88,– DM

234 **Entwicklung eines Werkzeuges zum Störungsmanagement in der Produktionsregelung**
Von Rainer Bamberger ISBN 3-540-61515-6.
1996, 157 Seiten mit 92 Abbildungen. 88,– DM

235 **Ein Verfahren zur automatischen Generierung von Steuerprogrammen für Roboterfahrzeuge**
Von Joachim Müllerschön ISBN 3-540-61514-8.
1996, 140 Seiten mit 79 Abbildungen. 88,– DM

236 **Automatische Kalibrierung der koppelnden Ortung mobiler Plattformen**
Von Achim Merklinger ISBN 3-540-61632-2.
1996, 106 Seiten mit 36 Abbildungen und 25 Tabellen. 88,– DM

237 **Händigkeitsgerechte Gestaltung der Mensch-Maschine-Schnittstelle**
Von Martin Schmauder ISBN 3-540-61657-8.
1996, 141 Seiten mit 44 Abbildungen und 9 Tabellen. 88,– DM

238 **Ein simulationsgestütztes Verfahren zur Wirtschaftlichkeitsbestimmung von Fertigungsprozessen mit Stückgutcharakter**
Von Erhard Vollmer ISBN 3-540-62408-2.
1996, 111 Seiten mit 10 Abbildungen und 22 Tabellen. 88,– DM

239 **Ein Verfahren zur reportbasierten Diagnose von technischen Maschinenstörungen in der Instandhaltung**
Von Walter Wincheringer ISBN 3-540-62410-4.
1996, 169 Seiten mit 61 Abbildungen. 88,– DM

240 **Eine Vorgehensweise zum objektorientierten Entwurf graphisch-interaktiver Informationssysteme**
Von Jürgen Ziegler ISBN 3-540-62547-X.
1997, 146 Seiten mit 36 Abbildungen und 20 Tabellen. 88,– DM

241 **Zur Fehlerkompensation und Bahnkorrektur für eine mobile Großmanipulator-Anwendung**
Von Klaus Dieter Rupp ISBN 3-540-62625-5.
1997, 140 Seiten mit 48 Abbildungen und 17 Tabellen. 88,– DM

242 **Entwicklung eines QFD-gestützten Verfahrens zur Produktplanung und -entwicklung für kleine und mittlere Unternehmen**
Von Jürgen Hoffmann ISBN 3-540-62638-7.
1997, 158 Seiten mit 89 Abbildungen. 88,– DM

243 **Ein Verfahren zur flexiblen Fertigungsführung eines Fertigungssystems für Kleinserien mit unterschiedlich autonomen Arbeitsstationen**
Von Rainer Kämpf ISBN 3-540-62653-0.
1997, 174 Seiten mit 68 Abbildungen. 88,– DM

244 **Flexibel automatisiertes Taumelnieten**
Von Wolf-Dietrich Schneider ISBN 3-540-62654-9.
1997, 88 Seiten mit 43 Abbildungen. 88,– DM

245 **Verfahren zur Erkennung unfallträchtiger Verkantungsfälle bei handgeführten Trennschleifern**
Von Christoph Bolay ISBN 3-540-62767-7.
1997, 170 Seiten mit 71 Abbildungen. 88,– DM

246 **Rechnergestütztes Sourcingsystem für spanende Fertigungskapazitäten klein- und mittelständischer Unternehmen**
Von Jürgen Funk ISBN 3-540-62815-0.
1997, 106 Seiten mit 63 Abbildungen. 88,– DM

247 **Bahnlöten von Blechgehäusen mit Industrierobotern**
Von Manfred Gaul ISBN 3-540-63064-3.
1997, 114 Seiten mit 52 Abbildungen. 88,– DM

248 **Ein Verfahren zur Optimierung der Kraftwerksrevisionsplanung und -durchführung**
Von Siegfried Stender ISBN 3-540-63168-2.
1997, 160 Seiten mit 36 Abbildungen. 88,– DM

249 **Ein Verfahren zur Analyse von Problemen der Ressourcenabstimmung auf Basis synergetischer Mustererkennung**
Von Stefan König ISBN 3-540-63226-3.
1997, 136 Seiten mit 43 Abbildungen. 88,– DM

250 **Ein objektorientiertes Modell zur Abbildung von Produktionsverbünden in Planungssystemen**
Von Hans-Peter Laubscher ISBN 3-540-63295-6.
1997, 158 Seiten mit 98 Abbildungen. 88,– DM

251 **Regelmechanismen für die Formsicherung im Automobilbau**
Von Franz Eberle ISBN 3-540-63325-1.
1997, 122 Seiten mit 53 Abbildungen und 22 Tabellen. 88,– DM

252 **Entwicklung von Datenmodellen für ein objektorientiertes Engineering Data Management System zur Unterstützung von teamorientierten Organisationsformen**
Von Frank Marcial ISBN 3-540-63340-5.
1997, 216 Seiten mit 76 Abbildungen und 26 Tabellen. 88,– DM

253 **Verfahren zur Konzeption automatischer reinraumtauglicher Fertigungsanlagen und -zellen**
Von Ralf Kaun ISBN 3-540-63447-9.
1997, 160 Seiten mit 88 Abbildungen. 88,– DM

254 **Ein Planungsverfahren zur Kapazitätsabstimmung für Modell-Mix-Montagelinien am Beispiel einer Automobil-Endmontage**
Von Norbert Leopold ISBN 3-540-63520-3.
1997, 130 Seiten mit 35 Abbildungen. 88,– DM

255 **Fertigung von Mischlosen in der Mikroelektronik auf der Basis eines Verfahrens zur Verfolgung von Einzelscheiben**
Von Olaf Herzog ISBN 3-540-63563-7.
1997, 124 Seiten mit 59 Abbildungen. 88,– DM

256 **Einsatz neuer Mensch-Maschine-Schnittstellen für Robotersimulation und -programmierung**
Von Jens-Günter Neugebauer ISBN 3-540-63568-8.
1997, 110 Seiten mit 48 Abbildungen. 88,– DM

257 **Entwicklung eines Systems zur virtuellen ergonomischen Arbeitsgestaltung**
Von Wilhelm H. Bauer ISBN 3-540-63707-9.
1997, 160 Seiten mit 77 Abbildungen und 13 Tabellen. 88,– DM

258 **Controlling eines projektorientierten Prozeßmanagements am Beispiel des Anlagenbaus**
Von Thomas Jörg Staiger ISBN 3-540-64082-7.
1998, 214 Seiten mit 106 Abbildungen und 11 Tabellen. 88,– DM

259 **Flexible Formprüfung umgeformter Blechteile**
Von Berend Oberdorfer ISBN 3-540-64121-1.
1998, 148 Seiten mit 69 Abbildungen. 88,– DM

260 **Effiziente Produktplanung mit Quality Function Deployment**
Von Christoph Mai ISBN 3-540-64145-9.
1998, 124 Seiten mit 57 Abbildungen. 88,– DM

261 **Einsatz der digitalen Grautonbildverarbeitung als ein Meßprinzip in der Lackiertechnik**
Von Sabine Renate Plischki ISBN 3-540-64270-6.
1998, 136 Seiten mit 67 Abbildungen und 9 Tabellen. 88,– DM

262 **Dynamische Zielfindung für das Total Quality Management**
Von Andreas Robeck ISBN 3-540-64271-4.
1998, 132 Seiten mit 61 Abbildungen. 88,– DM

263 **Methoden zur Planung zeit- und kostenoptimaler Produktion und Lagerhaltung**
Anwendung der Theorie optimaler Prozesse
Von Joachim Warschat ISBN 3-540-64272-2.
1998, 252 Seiten mit 61 Abbildungen. 88,– DM

264 **3D-Echtzeit-Rendering unter Berücksichtigung der Anatomie und Physiologie des menschlichen Auges**
Von Oliver H. Riedel ISBN 3-540-64273-0.
1998, 192 Seiten mit 54 Abbildungen und 26 Tabellen. 88,– DM

265 **Optische in situ Meßtechniken bei der Entwicklung und Anwendung von plasmaunterstützten Oberflächentechniken für räumlich ausgedehnte und komplexe Geometrien**
Von Peter Stratil ISBN 3-540-64400-8.
1998, 148 Seiten mit 96 Abbildungen und 14 Tabellen. 88,– DM

266 **Mit Industrierobotern flexibel automatisierte Montage von Türabdichtungen für Kraftfahrzeuge**
Von Gerald Vögele ISBN 3-540-64512-8.
1998, 92 Seiten mit 50 Abbildungen. 88,– DM

267 **Verfahren zur Gestaltung von Dienstleistungsunternehmen in einem Konfigurationsansatz**
Von Alexander W. Roos ISBN 3-540-64566-7.
1998, 260 Seiten mit 93 Abbildungen. 88,– DM

268 **Die Kombination von Plasmanitrierung und plasmagestützter Schichtabscheidung aus der Gasphase (PACVD) in einem Verfahrensablauf**
Von Oliver Morlok ISBN 3-540-64567-5.
1998, 134 Seiten mit 55 Abbildungen und 10 Tabellen. 88,– DM

269 **Verfahren zur Generierung und Gestaltung von Montageablaufstrukturen komplexer Serienerzeugnisse**
Von Uwe A. Seidel ISBN 3-540-64687-6.
1998, 142 Seiten mit 49 Abbildungen. 88,– DM

270 **Flexibel automatisierte Montage von Holzdübeln mit Industrierobotern**
Von Thomas Hörz ISBN 3-540-64788-0.
1998, 122 Seiten mit 61 Abbildungen. 88,– DM

271 **Flexibel automatisierte Demontage von Fahrzeugdächern**
Von Reinhard Rupprecht ISBN 3-540-64969-7.
1998, 108 Seiten mit 46 Abbildungen und 2 Tabellen. 88,– DM

272 **Berechnung charakteristischer Spritzbild- und Qualitätsmerkmale beim Lackieren - Einsatz neuronaler Netze -**
Von Pavel Svejda ISBN 3-540-65038-5.
1998, 152 Seiten mit 62 Abbildungen und 29 Tabellen. 88,– DM

273 **Entwicklung eines Systems zur interaktiven Gestaltung und Auswertung von manuellen Montagetätigkeiten in der virtuellen Realität**
Von Rainer Heger ISBN 3-540-65039-3.
1998, 158 Seiten mit 64 Abbildungen und 6 Tabellen. 88,– DM

Die Bände sind im Erscheinungsjahr und in den folgenden drei Kalenderjahren zu beziehen durch den örtlichen Buchhandel oder durch Lange & Springer, Otto-Suhr-Allee 25–28, 10585 Berlin.

GPSR Compliance

The European Union's (EU) General Product Safety Regulation (GPSR) is a set of rules that requires consumer products to be safe and our obligations to ensure this.

If you have any concerns about our products, you can contact us on ProductSafety@springernature.com

In case Publisher is established outside the EU, the EU authorized representative is:

Springer Nature Customer Service Center GmbH
Europaplatz 3
69115 Heidelberg, Germany

Batch number: 10682439

Printed by Printforce, the Netherlands